KB269873

이 책을 읽는 동안

당신의 마음에 귀를 기울여 주세요.

당신의 마음이 보내는 신호를 읽어 주세요.

거기까지 되었다면 그대로 잠시 기다려 주세요.

당신이 아이를 키우며

다양한 감정의 터널을 지나는 동안 힘을 낼 수 있도록

제가 도와줄게요.

엄마마음,
아프지 않게

엄마마음, 아프지 않게

감정코칭전문가 함규정 교수의
오직 엄마를 위한 마음처방전

함규정 지음

글담출판

프
롤
로
그
▼

당신의 마음에
힘이 되어 드릴게요

시간이 나는 주말이면, 제 아이를 물끄러미 넋 놓고 바라볼 때가 있습니다. 그리고 볼 때마다 신기하다는 생각을 합니다.

혼자 밥도 먹고, 옷도 갈아입고, 책도 읽는 아이를 보고 있으면, 문득문득 예전 생각이 납니다. 조금만 힘을 주어도 부스러질 듯 여렸던 갓난아기를 병원에서 집으로 데려와 본격적으로 육아를 시작했던 그 시절 말이지요. 아이 한 명 생겼다고 내 인생이 얼마나 달라질까 싶었는데, 그건 정말 이전엔 한 번도 겪어 보지 못했던 일대 변화였습니다. 제가 지금까지 살아온 습관들을 일시에 바꿔야 했으니까요.

저는 어릴 때부터 음식을 푹푹 떠서 잘 먹는 아이는 아니었습니다. 먹는 양도 적고 입도 짧아 부모님께서 제 건강 걱정을 많이 하셨지요. 어른이 된 지금도 그리 강철체력은 아닙니다. 그래서인지 식사만큼은 적은 양이어도 천천히 꼭꼭 씹어 먹는 습관을 스스로 지켜 왔습니다. 그런데 아이가 태어나자마자, 밥 먹는 시간을 3분 내로 줄여야 했고, 어떨 땐 입에 넣고 대충 삼키다가 사레가 걸린 적도 많았어요. 자꾸 깨는 아이 때문에 밤에는 자는 둥 마는 둥, 낮에도 정신이 멍할 때가 대부분이었고요.

한밤중에 우는 아이를 안고 달래며 거실 창밖에 보이는 가로등들을 하나씩 세곤 했습니다. 그러면서 '이 극기 훈련의 끝이 과연 있기는 한 걸까?'라는 생각을 했지요. 한편으론 내게 아이가 있다는 사실에 전적으로 감사하지 못하고 자꾸 답답해하고 짜증스러움을 느끼는 제 자신에게 죄책감을 느꼈습니다. 그렇게 한동안 아이에게 한없이 미안하면서도 불쑥불쑥 화를 느끼는 시간들이 반복되었어요.

당시 저는 대학원에서 막 공부를 시작했던 때였는데요. 공부와 육아를 병행하는 것에 지쳐 가던 저는 정신적으로 안정을 되찾고 힘들고 헛헛한 마음을 달래기 위해 '엄마', '육아', '출산' 등의 키워드로 책들을 찾아 무조건 사들였습니다. 그리고 틈틈이 제 자신에게 도움이 될 만한 글귀들을 찾아봤지요. 전 그때, 무엇보다 위로가 받고 싶었습니다. 다 괜찮다고, 넌 지금 잘하고 있는 거라고, 너 정도면 엄마로서 충분히 역할을 하고 있는 거라고 누군가가 얘기해 주기를 절실히 바랐습니다.

그러나 아무리 찾아도 제가 원하는 내용은 쉽게 나오지 않았어요. 대개는 아이를 건강하게 키우는 방법, 아이의 뇌를 똑똑하게 만드는 육아법, 아이를 위해 바꿔야 할 집안 환경들에 대한 이야기들로 가득했습니다. 엄마는 소중한 자식을 갖게 되었다는 것만으로도 항상 감사해야 하며, 아이에 대한 사랑으로 언제나 넘쳐나야 정상인 것처럼 모두들 말하고 있었습니다. 좋은 엄마에 대한 높은 기준들을 세워 놓고 거기에 미치지 못하면, 당신은 모자라는 엄마라고 손가락질하는 것만 같았습니다. 전 점점 더 숨이 막혔고 답답해졌지요.

이후 감정에 대해 공부와 연구를 거듭하면서 중요한 사실을 깨닫게 되었습니다. 그것은 바로 인간의 감정은 매우 무궁무진하며, 긍정적인 감정만을 골라서 느낄 수 있는 것이 아니라 부정적인 감정들도 상황에 맞게 느끼게 된다는 것이었어요. 무엇보다 긍정적인 감정과 부정적인 감정을 골고루 느낄 때 비로소 마음이 건강해진다는 사실도 알게 되었습니다.

너무나도 당연한 이야기 같나요? 그러나 주변을 살펴보면, 긍정적이고 밝고 즐거운 감정들만을 느껴야 마음이 건강한 것처럼 이야기하는 사람들이 넘쳐납니다. 결코 그렇지 않은데도 말이지요.

엄마는 엄마이기 이전에 한 명의 인간입니다. 긍정적인 감정들과 부정적인 감정들을 당연히 골고루 느낄 수 있어요. 항상 긍정적인 감정들만을 느끼는 것이 아니라, 힘들 때는 '힘든' 감정을 느끼는 것이 감정적으로 건강하고 안전한 상태인 거죠.

이제 당신은 아이를 키우면서 다양한 감정들로 채워진 '육아의 터널'을 지나가게 될 것입니다. 육아의 터널을 걸어가며 느끼게 되는 가지각색 감정의 경험들은, 당신이 모자라거나 부족한 엄마라서 겪게 되는 것이 아닙니다. 때로는 화가 나고, 때로는 우울하고, 때로는 행복을 느끼다 이내 슬픈 감정을 느낄 수도 있습니다. 마치 롤러코스터처럼 감정이 순간순간 변하기도 하지요.

그러나 걱정할 필요는 전혀 없어요. 당신의 감정이 움직이는 건 당신이 살아 숨 쉬고 있다는 증거이며, 무엇보다 당신의 마음이 주변 상황에 맞춰 적절하게 반응하고 있다는 신호니까요. 그러니 부디 당신의 감정에 당혹스러워하거나 죄책감을 느끼지 마세요.

이 책을 읽는 동안 당신의 마음에 귀를 기울여 주세요. 당신의 마음이 보내는 신호를 읽어 주세요. 그리고 거기까지 되었다면 그대로 잠시 기다려 주세요. 그다음부턴 제가 할게요. 당신이 아이를 키우며 다양한 감정들의 터널을 지나는 동안 힘이 될 수 있도록, 제가 여러 가지 이야기들을 이 책을 통해 들려 드릴 거예요.

이 책이 당신의 마음에 평안함을 주고 당신의 마음속 감정을 비춰 주는 등불이 되기를 간절히 바랍니다.

contents

1장

당신의 감정은 안녕한가요?

"마음이 많이 아플 때 꼭 하루씩만 살기로 했다.
몸이 많이 아플 때 꼭 한순간씩만 살기로 했다."

이해인(수녀)

사람들이 살아가면서 가장 많이 하는 인사 말은 무엇일까요? 아마 "안녕하세요."라는 말일 거예요. 과거 세상이 어수선할 때에는 밤새 별 탈 없이 잘 지냈냐는 인사말이었고, 못 먹고 못 살았던 시절에는 밥 잘 먹고 건강하냐는 인사말이었죠. 이런 인사를 받으면 사람들은 대개 "예, 몸 건강히 잘 지냅니다."라고 대답했습니다.

그런데 어디 아픈 데 없이 몸이 건강한 것도 중요하지만, 사실은 이에 못지않게 중요한 것이 있습니다. 바로 내 안의 '감정'이죠. 실체가 보이지는 않지만, 나의 몸과 정신에 결정적인 영향을 미치는 감정 말이에요.

감정은 눈에 보이지 않기 때문에 우리는 무심코 감정이 존재한다는 걸 잊고 삽니다. 때로는 무시하기도 하고, 억누르기도 하고, 외면해 버리기도 해요. 하지만 우리 안에 있는 감정은 결코 호락호락하지 않습니다. 화를 누르면 누를수록 더 강력해지고, 슬픔을 안으로 삭이면 삭일수록 어느

새 절망의 밑바닥으로 가라앉고 만 자신을 발견하거든요. 억울한데도 표현하지 않고 계속 참으면 마음속에 화병이 찾아듭니다. 이것은 모두 내 안의 감정을 현명하게 다스리지 못해 일어나는 일들이에요.

게다가 감정을 제대로 다루지 못하면 우리가 가장 소중하게 여기는 것들을 잃어버릴 수가 있습니다. 우선 건강을 잃을 수가 있어요. 화처럼 강렬한 감정을 자주 느끼다 보면 심장부터 이상이 생깁니다. 화가 나면 심박 수가 증가하기 때문에 심장병에 걸릴 확률이 세 배나 높아지고, 심장마비로 쓰러질 확률 역시 평균 다섯 배까지 높아진다고 해요.

이뿐만이 아닙니다. 심장보다 더 치명타를 입는 신체 부위가 있는데, 바로 뇌입니다. 우리의 모든 감정들이 바로 뇌에서 발생하거든요. 그런데 화는 워낙 강렬한 감정이라서 뇌졸중 발생률을 최고 열네 배까지 높인다는 국제신경학회의 연구 결과가 나와 있습니다. 감정을 잘 다루지 못하면 건강을 망가뜨릴 수 있는 것이지요.

두 번째로 잃어버리는 것이 바로 가족의 마음입니다. 우리 속담 중에 "종로에서 뺨 맞고 한강에 가서 눈 흘긴다."는 말이 있잖아요. 이 속담처럼 다른 데에서 받은 열을 엉뚱하게도 애꿎은 아이나 가족에게 풀 우려가 있습니다. 감정을 현명하게 다루고 표현하는 방법을 몰라 가정의 분위기마저 망치게 되는 것이지요.

마지막으로는 우리의 목표입니다. 해마다 새해가 되면 나름대로 그 해에 달성하고 싶은 크고 작은 목표들을 세우지요. 당신은 올해 어떤 목표를 세웠었나요? 살을 빼거나 운동을 시작하는 등 크고 작은 다양한 목표들을 세웠을 거예요.

그런데 지금은 어떤가요? 지속적으로 실천에 옮기고 있나요? 아마 대부분 흐지부지하다 그만두었을 거예요. 많은 분들이 자신의 의지가 부족해서라고 생각하곤 하지만, 대개 감정이 원인인 경우가 많습니다. 대부분 속상하고 불편하고 화가 나면 목표를 향해 달려가던 발걸음이 무뎌지고 멈추게 됩니다. 예를 들어 낮에 회사에서 속상한 일이 생기면 퇴근 후 영어학원에 가고 싶은 마음이 도무지 들지 않습니다. 친한 친구를 만나 저녁이라도 먹으며 낮에 있었던 울분을 풀고 싶은 마음이 더 크죠. 혹은 이번에는 기필코 살을 빼리라 결심하고 열심히 운동을 다니고 있는데, 남편이 한마디 툭 던집니다.

"당신, 운동하는 거 맞아? 나 몰래 뭐 먹는 거 아냐? 어째 살이 하나도 안 빠져."

순간 마음이 상해 버려 그동안 참았던 음식을 마음껏 먹어 버리거나 열심히 다니던 운동을 빠져 버리게 됩니다. 그러다 끝내 포기해 버리죠. 그래서 목표를 달성하기 위해서는 무엇보다 감정을 잘 관리해야 합니다.

어떤가요? 감정이 우리의 삶에 미치는 힘이 생각했던 것보다 훨씬 크지요? 특히 모든 것을 감내하고 인내해야 한다는 의식이 강한 우리 엄마들이야말로 자신의 감정을 수시로 살펴야 합니다. 모든 삶의 중심을 아이에게 맞추어 24시간을 살아가는 엄마들일수록 자신의 감정에 귀를 기울여야 하는 거죠. 지금부터 그 이야기를 함께 나누고자 합니다.

화난 엄마의 숨결은
아이에게 독을 내뿜어요

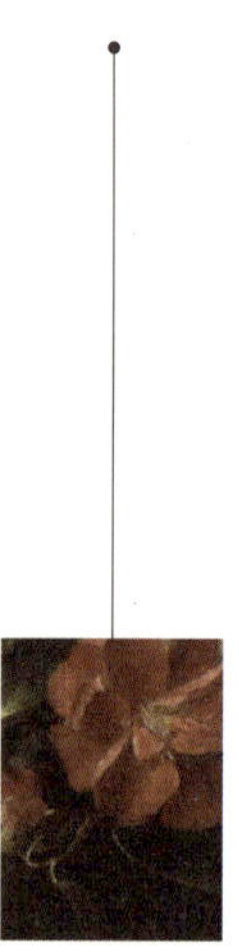

"엄마인 당신의 감정은 안녕한가요?"

누군가가 당신에게 이런 질문을 한다면, 어떤 대답을 할 것 같은가요?

"글쎄요, 잘 모르겠어요."

"당연히 힘들죠!"

"여러 가지 일들로 마음이 복잡해요."

"지쳤어요."

아이를 가진 엄마들에게 이렇게 물어보면 대부분 이와 비슷한 답들을 합니다. 그리고 잠시 후 고개를 갸우뚱하며 반문하지요.

"그런데 제 감정은 왜 물어보시는 거예요?"

아이를 둔 엄마들에게 사람들이 주로 하는 질문들이 있습니다. 아이는 잘 크느냐, 밥은 잘 먹느냐, 밤잠은 잘 자느냐, 아이와 어떻게 놀아 주느냐 등등. 엄마들은 이런 질문을 받으면 이야기가 술술 나와요. 마치 봇물 터지듯 말이죠. 아이 이야기를 하면서 때로는 신이 나기도 하고, 때로는 아이에게 더 많이 못해 준 것들이 생각나서 마음이 짠해지기도 하고요.

그런데 엄마 자신에 대해 뭔가를 물어보면 갑자기 말문이 막힌 듯 아무 말도 못합니다. 순간 멈칫하면서 할 말을 잃죠. 남이 아닌 자기 자신에 대한 질문인데도 막상 할 말이 생각나지 않아요. 아이가 생긴 이후로는 엄마인 나는 어떤 상태인지, 밥은 잘 먹고 있는지, 나는 잘 자고, 잘 지내는지 등에 대해 제대로 생각해 본 적이 없기 때문이에요.

하지만 엄마인 당신이 지금 어떤 상태인지를 스스로 정확히 아는 것은 무척 중요합니다. 자신의 상태를 점검하고 챙기는 것은 엄마 본인뿐 아니라 내 아이에게도 중요한 문제니까요.

내 아이가 마음이 건강하고 밝은 아이로 자라나기를 바란다면, 우선 엄마의 감정과 상태부터 돌아보고 점검해 봐야 합니다. 엄마인 당신이 스스로를 방치하여 지치고 우울할 경우, 이런 감정들은 엄마 혼자의 감정으로 끝나지 않기 때문입니다. 특히 엄마에게 의존할 수밖에 없는 어린아이일수록 엄마의 감정은 쉽게 전염됩니다. 마치 폭포수가 위에서 아래로 쏟아져 내리듯이, 엄마의 감정이 아이에게 그대로 흘러내리지요.

많은 부모들은 아이가 소중한 나머지 자신은 돌보지 않은 채 아이에게 모든 걸 맞춥니다. 물론 우리의 부모님 세대가 우리에게 해주었던 것만큼은 아니겠지만요. 철저히 자식을 위해 희생하였던 부모님 세대를 보면서 감사하지만 안타까운 마음이 들어 '난 절대로 우리 부모님처럼 자식에게만 올인하며 살지는 않을 거야.'라고 생각했던 적이 적어도 한두 번은 있을 겁니다. 그러나 자식을 낳고 보니 생각이 바뀝니다. 내가 할 수 있는 최대한의 노력과 비용을 아이에게 쏟고 싶어져요. 그게 세대를 초월하는 부모의 마음이겠지요.

그런데 자식을 위해 기꺼이 희생하는 부모 역시 실은 그저 한 명의 인간일 뿐입니다. 엄마인 당신은 어떤 일에도 지치지 않고 끄떡없는 강철 로봇이 아니에요. 배고플 땐 먹어야 하고, 졸리면 자야 하는 사람이죠. 그리고 사람은 누구나 다양한 감정들을 느끼고 살아갑니다. 당연히 일방적인 희생과 자신의 감정을 억누르는 일상이 지속될 경우 어느 한순간 감정적으로 폭발하거나 마음의 병이 생길 수 있습니다. 자신의 마음과 은혜도 몰라주는 아이를 보면서 '내가 널 어떻게 키웠는데.' '누구 때문에 이 고생을 하는데.'라는 생각과 함께 서글픔과 억울함이 울컥 복받치기도 하죠.

특히 엄마의 감정 상태가 중요한 이유는 아이와 가장 많은 시간을 보내기 때문입니다. 엄마의 부정적인 감정은 아이에게 치명적인 영향을 미친다는 연구 결과가 나와 있어요. 생리학의 권위자인 미국의 엘머 게이츠 박사가 진행한 연구인데요. 사람이 내뿜는 숨을 모아 냉각시키면 침전물이 생기는데, 이 침전물의 색깔이 감정에 따라 달라진다는 점을 발견했습니다. 예를 들어 화를 낼 때의 침전물은 밤색, 슬픔을 느끼거나 고통을 받을 때는 회색을 띠었습니다.

이때 화를 내는 사람의 침전물을 쥐에 주사했더니 몇 분 만에 쥐가 죽어 버렸습니다. 반면에 기쁨을 느낄 때 나온 침전물을 쥐에게 주사하자 엔도르핀이 돌면서 훨씬 생기 넘치는 모습을 보였습니다. 정말 놀라운 결과가 아닐 수 없어요. 이를 통해 사람이 화를 낼 때에는 몸 안에서 독소가 만들어진다는 걸 알게 되었습니다. 그렇다면 화난 엄마의 숨결이 아이에게 전달될 때에도 당연히 독성이 함께 옮겨지게 되겠지요. 실제로 엘머 게이츠 박사는 한 사람이 1시간 동안 계속 화를 낸다면 80명을 죽일 정도의 독소가 만들어진다고 말하고 있습니다.

그러니 내 아이가 건강하게 자라길 원한다면, 무엇보다 엄마가 현명하게 자신의 감정을 다스릴 수 있어야 해요. 한마디로 감정 관리는 필수인 셈이죠. 이를 위해서는 먼저 자신의 감정이 어떤 상태인지를 아는 것이 중요합니다.

다시 한 번 누군가가 "당신의 감정은 안녕한가요?"라고 물어본다면, 어떤 대답을 할 건가요? 물론 지금 당장 본인의 감정을 정확히 읽어 내서 대답하라는 건 아닙니다. 제 주위에도 자신의 감정을 읽는 것에 익숙하지 않은 사람들이 많으니까요. 다만 엄마 자신을 위해 그리고 내 아이를 위해 지속적으로 이 질문에 대한 답을 생각해 보아야 한다는 것입니다. 그리고 당신의 상태를 좀 더 잘 알기 위해서는 스스로를 돌아보는 연습부터 시작해야 해요. 당신이 지금 지친 건지, 슬픈 건지, 우울한 건지, 기분이 좋은 건지를 알아야 그 감정에 맞는 적절한 조치를 내릴 수 있으니까요.

앞으로 당신은 감정 코치인 저와 함께 당신의 감정에 대해 하나씩 살펴볼 거예요. 이런 감정은 나쁜 것이고, 저런 감정은 좋은 것이라는 이분법적 시각은 감정에 대한 올바른 접근법이 아닙니다. 어떤 감정과 생각이

한 사람이 1시간 동안 계속 화를 내면
80명을 죽일 수 있는 독소가 만들어진다고 합니다.
내 아이가 건강하게 자라길 원한다면,
무엇보다 엄마부터 현명하게 감정을 다스릴 수 있어야 해요.

든 자유롭게 내 안에 생길 수 있으니까요. 당신은 아이의 엄마이기도 하지만, 다양한 감정과 욕구를 가진 인간이고 독립적인 인격체입니다. 감정이 발생했을 때 그 감정 자체를 인정하고 나면, 다루기가 훨씬 쉬워진다는 점을 이 책을 읽다 보면 이해하게 될 것입니다. 당신과 아이 모두를 위해 당신의 감정에 집중해 보세요.

아이에게 유전되는
엄마의 감정

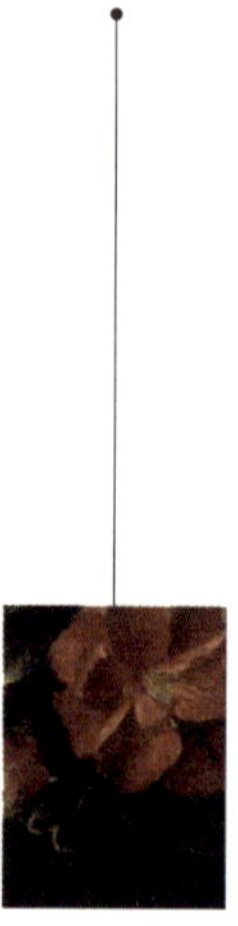

자기 감정을 잘 다스리지 못하고 주위 사람들에게 자주 상처를 주는 사람들이 습관적으로 하는 말이 있습니다.

"난 원래 욱하는 성질이야."

"난 성질이 급해서 꼭 말부터 튀어나온다니까."

"참으려고 하는데, 못 참겠어."

물론 아주 틀린 말은 아닙니다. 사람에 따라서 타고나는 성격과 기질은 모두 다르니까요. 그러나 무턱대고 화를 낸 후 성격이나 성향, 기질 때문이라고 이야기하는 건 무책임한 변명일 뿐입니다. 왜냐하면 감정의 강도는 조금씩 다를 수 있지만 우리 안의 감정들은 서로 비슷하거든요. 다만 그 감정을 표현하는 습관이 사람마다 다를 뿐이지요. 내가 원래 성격이 급해서 화를 잘 낼 수도 있지만, 화를 내는 습관이 잘못 형성되어서 그럴 수도 있다는 것입니다. 감정을 잘 다루는 능력은 우리가 살아가는 데 중요한 영향을 미칩니다. 직장이나 사적인 모임에서뿐 아니라 가족 특히 내 아이와의 관계에서는 더더욱 그렇지요.

간혹 저에게 이렇게 물어보는 분이 있어요.

"감정은 유전되는 건가요?"

맞습니다. 엄마의 감정은 아이에게 유전되고 대물림됩니다. 다만 그 방식은 신체나 혈액을 통해서라기보다는 평소 엄마가 자신의 감정을 느끼고 표현하는 습관을 통해서 아이에게 대물림되죠.

엄마가 시댁을 다녀옵니다. 시댁에 머무는 내내 부엌에서 음식을 만들고 설거지를 하느라 지칠 대로 지친 엄마는 집으로 돌아오자마자 가방을 마루에 신경질적으로 던지고는 소리를 지르기 시작합니다.

"어머님, 참 너무하시더라! 도대체 내가 동서보다 못 해드린 게 뭐가 있어? 왜 사사건건 동서랑 나를 비교하시는 건데?! 당신이나 어머니나 다 똑같아!"

사실 이렇게까지 큰소리를 지르며 화를 낼 만큼 격분할 상황은 아닙니다. 객관적으로 보면 그렇습니다. 당신 스스로도 알고 있어요. 엄청나게 부당한 일을 당해서라기보다는 그저 컨디션이 안 좋아 몸이 여기저기 쑤시고, 시어머니가 동서와 비교해서 짜증이 난 상태라는 걸요. 그런데 밖으로 드러내는 감정은 짜증 정도가 아니라 격분입니다. 스스로의 감정을 돌아보는 훈련이 안 되어 있다 보니, 자신의 감정을 적절히 표현하지 못하는 거죠. 작은 짜증을 느끼더라도 쉽게 폭발해 버립니다.

그리고 그 모습을 당신의 아이가 보고 있습니다. 엄마의 높아진 목소리, 벌게진 얼굴빛, 주먹을 쥐며 부르르 떠는 몸짓까지. 자신에게 다정하게 음식을 먹여 주고 다독다독 재워 주던 엄마의 모습과는 완전히 딴판입니다. 아이는 두려움을 느낍니다. 감정적 충격이 강한 만큼 아이의 머릿속에 오늘의 엄마 모습이 강렬하게 새겨집니다. 그리고 감정에 대해 새롭게 학습하는 계기가 되지요.

'아, 화가 날 때는 엄마처럼 물건을 던지고, 고함을 지르면서 주먹을 불끈 쥐면 되는구나.'

이런 상황이 몇 번 반복되면, 아이는 자기 뜻대로 되지 않거나 짜증이 날 때마다 쉽게 격분할 것입니다. 그리고 엄마의 감정 표현에서 보고 배운 대로 행동으로 옮기겠죠. 손에 쥐고 있던 장난감을 신경질적으로 던지거나, 집 안이 떠나가도록 소리를 지르며 울거나, 주먹을 쥐고 발을 쿵쿵 구를 것입니다.

그런데 막상 이런 아이의 모습을 보고 당황하는 엄마들이 많아요.

"대체 우리 애가 왜 저러는 걸까요? 화만 나면 저렇게 난리를 치는데, 그 이유가 뭘까요?"

아이가 이런 행동을 보이는 건 당연하지요. 엄마 자신이 아이에게 감정 습관을 물려주었잖아요. 아이는 화를 내지 않고 말로 해도 되는 상황에서도 쉽게 화라는 감정에 휘둘리며 압도당하게 됩니다. 엄마가 가르친 감정 습관 그대로요. 지금까지 감정에 휘둘리거나 잘못된 감정 습관을 되풀이하고 있었다면, 이 순간부터라도 잘못된 감정 습관을 바로 잡아보겠다는 결심이 필요합니다.

　그렇다면 구체적으로 어떻게 해야 할까요? 우선 자신의 감정을 솔직하게 돌아봐야 합니다. 자신이 느끼고 있는 감정을 자로 잰 듯이 정확하게 알아야 한다는 의미는 아닙니다. 감정의 종류를 하나하나 구분하는 건 감정전문가들에게도 쉬운 일이 아니니까요. 그저 내 마음이 긍정적인지 혹은 부정적인지 관심을 갖고 살펴봐 주세요. 구체적인 각각의 감정 상태에 따라 어떻게 대응하고 관리하는 것이 좋은지는 저와 함께 천천히 터득해 나가면 되니까요.

　당신은 생각보다 많은 영향력을 아이에게 미치고 있습니다. 단순히 먹여 주고 입혀 주는 것이 아닌, 아이가 평생을 살면서 어떤 감정과 감정 표현 습관을 가지고 살아갈지를 결정해 주는 사람이 바로 엄마인 당신입니다.

뜻대로 되지 않는 감정 때문에
아픈 엄마들을 위하여

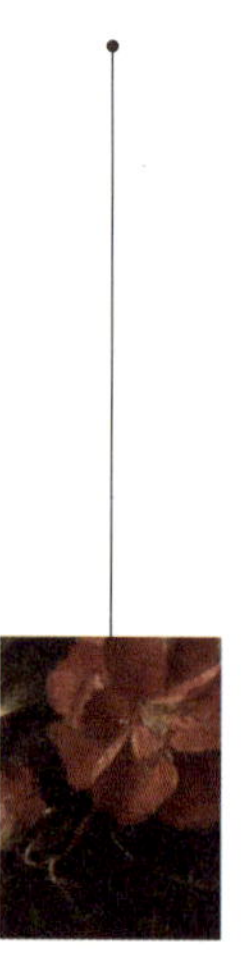

"넌 네 마음 하나 못 다스리니?"

"제발 흥분부터 하지 마."

사람들은 쉽게 이런 이야기들을 주고받습니다. 세상에서 가장 하기 힘든 일들 중 하나가 바로 자신의 감정을 다스리는 것이라는 걸 종종 잊어버리고는 말이죠. 감정은 분명 내 것입니다. 내 안에 존재하지요. 많은 사람들이 팔다리를 내 마음대로 움직일 수 있듯이, 감정도 내 것이니까 내 마음대로 할 수 있을 거라고 막연히 생각합니다. 하지만 감정은 우리의 팔다리와는 차원이 다릅니다.

엄마가 되면서 우리는 스스로 감정이 다양해지는 걸 느낍니다. 여태껏 겪어 보지 못한 감정들이 새록새록 솟아나기도 하고, 생전 처음 느껴 보는 엄청난 강도의 감정에 휩싸이기도 하지요. 그만큼 우리에게 출산과 육아는 인생에 크나큰 변화이자 도전입니다.

그리고 그 감정들이 항상 긍정적인 것만은 아니지요. 하루에도 몇 번씩 짜증, 후회, 죄책감의 감정들이 찾아옵니다. 우리는 이런 감정들을 나름대로 해소하고자 다양한 시도들을 합니다. 여성 잡지나 책들을 보면 이렇게 하면 당신의 기분이 훨씬 나아질 거라는 조언들로 넘쳐납니다. '나만의 여행을 떠나라, 잠을 푹 자라, 운동해라, 스스로를 위해 여성스런 옷 한 벌을 장만해 봐라' 등 읽을 때는 전적으로 공감이 되는 조언들입니다.

"맞아, 이렇게 해봐야겠어!"

바로 실천에 옮기리라 굳게 결심을 하지요. 그런데 막상 주위를 둘러보면 현실은 완전히 다릅니다. 일분일초라도 내 손이 닿지 않으면 엉망이 되어 버리는 집 안과 일상들 그리고 내 아이.

"대체 이런 것들을 실천으로 옮기는 엄마들이 있긴 한 거야? 아니면 내가 모자라서 행동으로 못 옮기는 거야?"

마음을 위로받겠다고 읽었던 잡지와 책들 때문에 오히려 더 짜증이 납니다. 대체 나만 이러고 사는 건지, 아니면 세상 대다수 엄마들이 이런 생활을 하고 있는 건지 답답하기만 합니다. 산후조리원 동기들, 아이 유치원 부모들과 만나서 이야기해 보지만, 여전히 뭔가 개운치는 않습니다. 내 아이와 비슷한 나이 또래의 엄마들과 만나서 이야기를 하다 보면, 솔직한 얘기들이 오갈 때도 있지만 눈에 보이지 않는 은근한 경쟁심리가 대화 밑바닥에 깔려 있을 때가 많거든요. 적당한 불평과 과장된 말 그리고 결국에는 본인과 아이 자랑으로 대화는 마무리됩니다.

대체 내 감정을 다스릴 수는 있는 건지, 어떻게 하면 내 감정을 다스리며 아이를 키울 수 있는 건지 많은 엄마들이 답답해합니다. 하지만 감정을 다스릴 방법은 분명 있습니다. 굳이 비싼 비용을 들이고 일상을 탈출하는 파격적인 행동을 하지 않아도, 좀 더 행복한 마음으로 아이를 양육하고 나 자신을 챙길 수 있는 방법이 있습니다. 그러니 불안해하거나 염려하지 마세요.

감정emotion이란 단어는 일상에서 기분mood과 혼용되어 쓰입니다. 사람들은 "감정이 안 좋아."라고 말하기도 하고, "기분이 별로야."라고 말하기도 해요. 이 두 가지 표현은 서로 비슷한 상태를 뜻합니다. 그런데 좀 더 엄밀히 보면, 감정과 기분은 조금 다릅니다. 그 차이를 알면, 우리가 평소에 느끼는 것이 감정인지 아니면 기분인지를 보다 쉽게 구분할 수 있지요.

우선 감정은 두 가지 특징을 지닙니다. 감정은 '강한 느낌strong feeling'이라고 할 수 있는데요. 분명한 이유로 인해 강렬하게 발생했다가 짧은 시간 내에 사라지기 때문입니다.

감정은 일단 외부로부터 자극을 받을 때 발생합니다. 예를 들어 오늘 아침 남편과 말다툼을 해서 기분이 우울하다고 가정해 보지요. 그런데 점심 무렵, 남편이 전화를 걸어 "여보, 미안해. 내가 아까는 좀 심했지? 퇴근할 때 당신이 좋아하는 족발 사가지고 들어갈게~."라고 사과를 합니다. 그러면 "무슨 족발이야." 하고 퉁명스럽게 대답하지만, 조금 전까지 느꼈던 우울했던 감정은 어느새 사라지고 즐거워지기 시작합니다.

일반적으로 볼 때 조금 전에 느꼈던 그녀의 우울함은 건강한 감정으로

감정에 대해 잘 모르면 막연하게 불안해집니다.
'이런 감정을 느끼다니, 내가 비정상은 아닐까?'
'내가 감정적으로 문제가 있는 건 아닐까?'
이런 식으로 말이지요.

분류할 수 있습니다. 왜냐하면 우울한 감정이 생긴 분명한 이유가 있고 짧은 시간 안에 회복되었으니까요.

느끼는 감정이 건강한 감정이냐 아니냐는 심층적인 진단을 통해 정확히 확인할 수 있는 것이지만, 대략 하루 24시간 안에 회복되는 감정은 걱정할 필요가 없다고 보는 경우가 많습니다. 반면 특별한 이유가 없는데도 2주 이상 기분이 가라앉아 있다면, 이는 '주의를 기울여야 하는 기분'으로 분류할 수 있습니다. 기분은 감정에 비해 오래 지속되며 특별한 이유 없이도 발생할 수가 있습니다. 그대로 방치할 경우 마음의 병이 되기도 하고요.

요즘 '내가 우울증은 아닐까?' 하며 걱정하는 엄마들이 많아졌습니다. 감정이 뜻대로 제어되지 않아 아파하며 우울함을 호소합니다. 그러나 다행히도 엄마들이 일상에서 느끼는 건 일반적인 감정일 때가 많습니다. 아이가 밥을 먹지 않고 뱉어 낼 때 순간적으로 치밀어 오르는 화, 급히 부엌으로 뛰어가다가 식탁 모서리에 부딪혔을 때 느끼는 짜증, 아픈 아이를 간호하며 느끼는 안쓰러움, 마음대로 외출할 수 없어서 느끼는 답답함 등 특정 사건이나 특정 대상과 관련해서 느끼는 감정들이 대다수지요. 이는 특별히 걱정할 필요가 없는 감정일 때가 많다는 이야기입니다. 그런데 감정에 대해 잘 모르면 막연하게 불안해집니다.

'이런 감정을 느끼다니, 내가 비정상은 아닐까?'

'내가 감정적으로 문제가 있는 건 아닐까?'

이런 식으로 말이지요.

그런데 이때 기억해야 할 점이 있어요. 감정에는 좋은 감정, 나쁜 감정이 없다는 것입니다. 간혹 그렇지 않은 사람들도 있지만, 대다수의 사람들은 살아가면서 부정적인 감정들을 상대적으로 더 많이 경험합니다. 왜 그럴까요? 실제로 그럴 수밖에 없는 이유가 있기 때문입니다.

연세대학교 언어정보개발연구원의 자료집을 보면, 감정 상태를 나타내는 단어의 수는 434개입니다. 이 중에서 부정적인 감정을 표현하는 단어는 72%나 차지합니다. 단어의 수를 보더라도 부정적인 감정 표현이 훨씬 많은 것이지요. 그렇다고 해서 우리의 감정이 70% 이상 부정적인 감정들로 채워져 있다고 단정할 수는 없습니다. 그럼에도 이 수치가 우리에게 주는 시사점은 분명히 있지요.

단언컨대 인간의 감정에서 이런 감정은 무조건 좋고, 저런 감정은 무조건 나쁘다고 말할 수는 없습니다. 감정은 모두 이유가 있어서 우리 안에 존재하는 것이니까요. 두려움, 불안, 화, 짜증, 우울, 슬픔 등의 감정들을 느끼지 않고 살아가면 좋겠다는 분들이 제 주위에도 많습니다. 그러나 막상 그렇게 된다면 그것이 과연 좋은 일일까요?

그렇지 않아요. 소중한 걸 잃어버리고서도 슬픔을 느끼지 못한다면, 부당한 일을 당해도 화가 나지 않는다면, 늦은 시간까지 아이가 돌아오지 않는데도 두려움을 느끼지 않는다면, 최근 과로를 반복하면서도 건강에 대해 불안함을 느끼지 않는다면, 그것이 과연 바람직한 감정 상태일까요?

아닙니다. 분명 부정적인 감정들은 우리를 힘들게 하지만, 우리로 하여금 그 상황에 적극적으로 대처하고 행동을 취하도록 도와줍니다. 우리를 보호하고 안전하게 지켜 주는 역할을 하고 있는 거죠.

감정의 다양한 역할들과 특성들을 이해하고 나면, 점차 감정을 현명하게 다룰 자신감이 생깁니다. 이제 더 이상 걱정할 필요가 없습니다. 지금부터 당신이 느끼는 감정들에 대해 저와 함께 하나씩 살피다 보면, 당신 자신을 더 잘 이해하고 다스릴 힘이 내면에 생길 테니까요.

이를 위한 첫걸음으로서, 다음 장에서는 엄마가 되기 전의 나 자신에 대해 잠시 돌아보는 시간을 가지려고 합니다. 엄마가 되기 전에 당신은 부모님의 소중한 딸, 감수성이 풍부한 여린 소녀, 누군가의 마음을 설레게 하는 여성이었다는 걸 기억해 내게 될 거예요.

2장

육아는 나 자신을
잊게 만들지만

"나 자신에 대한 자신감을 잃으면,
온 세상이 나의 적이 된다."
랄프 왈도 에머슨(철학자이자 시인)

🍂 사람들은 의외로 자신의 과거에 대해 쉽게 잊어버립니다. 어린 시절 부모님과 함께 놀러갔던 놀이공원이나 수영장에서의 추억들은 단편적으로 기억을 하지만, 과거 일상생활 중에 있었던 소소한 일들은 잘 기억을 못합니다.

특히 지금 현재의 삶이 바쁘고 고달플수록, 과거의 내 모습 그리고 원래 나의 성향이나 특징, 습관 등은 까마득히 잊고 사는 경우가 많습니다.

그런데요, 현재가 힘들고 우울하다면, 그래서 내가 누구인지 어떻게 살아가야 하는지 방향을 잃어버렸다면, 그럴수록 과거의 내 모습을 돌아보고 원래 내가 어떤 사람이었는지 나의 정체성을 찾아야 합니다.

"나는 무언가에 한번 몰두하면 포기하지 않는 아이였어."

"난 성격이 밝고 긍정적인 사람이란 말을 많이 들었지."

"나는 다른 사람에게 베풀기를 좋아하는 사람이었어."

이처럼 가능한 한 자신의 좋은 점을 많이 기억해 내고, 이를 토대로 현재를 살아갈 힘과 에너지를 되찾아야 합니다. 아이를 낳은 후부터 내 삶의 중심은 아이가 되어 버렸지만, 나는 엄마가 되기 전에 독립적이고 나만의 개성을 가진 사람이었다는 걸 기억해야 합니다.

엄마가 되기 전에 당신은 어땠나요? 침대 밑에 보관해 두었던 먼지 쌓인 당신의 앨범을 꺼내 보세요. 공갈젖꼭지를 물고 있는 세 살 때 당신의 사진을 찾아보세요. 정말 귀엽고 사랑스럽지 않나요? 초등학교 운동회 날 이어달리기 대회에 나가 잔뜩 긴장하며 바통을 넘겨받던 순간이 기억나진 않나요? 고등학교 기말시험 때 커피 한 사발을 들이마시고도 잠을 이기지 못해 책상에 엎드려 잤던 기억은 어떤가요?

지금부터 엄마가 되기 전 당신에 대해 되짚어 보는 시간을 가질 거예요. 아이가 당신에게 소중하듯이, 당신 역시 가족에게 소중한 아이이자 형제자매라는 걸 다시 한 번 느껴 보세요. 당신은 지금 스스로가 생각하는 것보다 훨씬 더 소중한 존재니까요.

당신은
어떤 사람이었나요?

요즘은 내가 누구인지 잘 모르겠어요. 결혼 전의 내 모습을 생각해 보면, 영화를 좋아하고 친구들과 맛집을 찾아다니는 것을 즐겼고, 귀여운 액세서리를 좋아해서 이것저것 모으곤 했거든요. 그런데 요즘 부쩍 '난 누구지?' 하는 생각이 들 때가 있어요. 마치 나라는 사람은 어디론가 사라지고, 내가 아닌 다른 사람의 껍데기로 살아가는 것 같은 느낌이 들어 자꾸 침울해져요.

인생에서 가장 중요한 변화를 꼽으라면, 단연 '결혼'과 '출산'입니다. 결혼은 앞으로 서로 의지하며 살아갈 삶의 동반자를 정하는 일이자, 이후 태어날 내 아이의 아버지를 결정하는 일입니다. 출산은 또 어떤가요? 온전히 책임져야 할 하나의 생명을 잉태하고 탄생시키는 일이지요.

결혼과 출산이라는 낯선 변화에 적응하는 사이, 어느새 모든 초점이 내가 아닌 다른 것들에 맞춰지게 됩니다. 일부러 그러려고 하지 않아도 저절로 그렇게 되지요. 어찌 보면 당연한 일입니다. 결혼하고 아이를 낳아 쫓기듯 지내다 보면 나 자신의 진짜 모습을 잃어버린 것처럼 느껴지는 것 말이에요. 하지만 걱정할 필요는 없습니다. 시간이 지나고 새로운 생활에 익숙해지면, 다시 본연의 모습으로 돌아갈 수 있으니까요.

유치원을 졸업하고 초등학교에 입학하는 아이를 생각해 보세요. 일반적으로 아이는 이 시기 인생에서 처음으로 가장 큰 스트레스를 경험한다고 합니다. 학교에 입학하기 전까지는 실수를 해도 혼내지 않고 "아직 아기라서 그렇지."라고 하며 모두들 귀여워합니다. 그런데 초등학교에 입학을 하면 모든 게 달라집니다. 우선 쉬는 시간 외에는 마음대로 일어나서 돌아다닐 수가 없어요. 편하게 모여 앉던 유치원과는 달리 각과 열을 맞춰서 딱딱한 걸상에 앞을 보고 앉아야 하죠. 예전 유치원 선생님은 "영석아~!"라고 따뜻하게 불러 주었는데, 지금은 담임선생님이 "김영석!" 하고 부르면 "네!"라고 큰소리로 대답을 해야 합니다. 주변에서는 "이젠 너도 초등학생이야."라며 자꾸만 부담을 주고요. 아이 스스로는 별로 달라진 게 없는 것 같은데 말이지요.

당신도 마찬가지입니다. 결혼을 하고 엄마가 되어도 당신의 본질 자체는 변한 게 별로 없습니다. 어묵을 듬뿍 넣은 매콤한 떡볶이를 좋아하는 당신, 보라색을 유난히 좋아하는 당신, 판타지 영화에 열광하는 당신, 외출할 때 핸드크림을 꼭 챙겨 다니는 당신, 밤에 혼자 텔레비전을 보며 맥주 한잔 마시는 걸 좋아하는 당신……. 당신은 여전히 예전 그대로의 당신입니다. 그저 주변 상황이 바뀌었을 뿐이지요.

결혼 전 우리는 부모와 가족, 주변 사람들의 보살핌 속에서 20~30년을 살았습니다. 가족과 함께 살면서 학교에 다니고, 공부하고, 취업을 하고, 연애도 하면서 말이지요. 물론 순간순간 힘든 시기들이 없었던 건 아닙니다. 중·고등학교 시절에는 아무리 공부해도 성적은 오르지 않고 부모님의 기대에 미치지 못하는 내 자신이 그렇게 바보 같고 미울 수가 없었지요. 공부를 강요하는 부모님도 싫었고요. 취업을 준비하던 시절에는 정장을 입고 지나가는 직장인들이 정말 부러웠습니다. 나도 얼른 회사에 취직해서 월급도 받아 보고 직장 동료들과 한잔하는 날이 왔으면 하고 간절히 바랐지요. 다들 앞을 향해 달려가는데, 나만 이 사회에서 뒤처지고 있다는 두려움으로 밤마다 잠을 이루지 못할 때도 많았습니다.

내가 믿었던 사람이 나를 배신했을 때의 아픔은 지금도 잊히지 않습니다. 믿었던 만큼 신의를 저버린 그 사람을 생각하면 여전히 분합니다. 입사를 한 뒤 아무리 열심히 일해도 여자라고 은근히 차별받았을 땐 어떻고요. 속에서 열불이 났었지요. 정신없이 일하다 보니 어느새 결혼적령기를 넘어서고 있는 자신이 보입니다. 사귀는 사람은커녕 괜찮은 남자들은 모두 어디로 간 건지 도무지 찾을 수가 없습니다. 아직 결혼하지 않은 친구들과 수시로 만나며 이렇게 살아도 괜찮지 않을까 하는 생각을 할 때도 있었어요. 결혼은 여자만 손해라는데 말이죠. 그러다 문득 내 젊음이 이렇게 저물어 가나 싶어 우울해집니다. 이렇게 우리의 싱글 시절은 정신없이 지나갔습니다.

그러다 운명처럼 짝을 만나 결혼합니다. 알콩달콩 소꿉장난처럼 재미날 것만 같은 신혼이 시작되었습니다. 결혼 전보다 좋은 점도 많았죠. 더 이상 결혼 안 하느냐는 불편한 질문을 듣지 않아도 되어 편했고, 좋아하는 사람을 매일 볼 수 있어 좋았고, 부모님의 간섭에서 벗어나 독립적으로 사는 것도 좋았습니다. 내가 알아서 살림과 재정을 관리하게 된 것도 신기했지요.

하지만 항상 좋기만 했던 것은 아닙니다. 도무지 이해할 수 없는 서로의 사소한 습관들로 남편과 다투기도 하고, 남편 귀한 줄만 아는 시댁의 행동에 화가 나기도 했지요.

그렇게 우리는 결혼과 더불어 또 다른 삶을 시작했습니다. 우리에게 '아내'이자 '며느리'라는 역할이 새로 생긴 것이지요. 그리고 얼마 후 또 하나의 이름이 새로 붙었습니다. 바로 '엄마'입니다.

새로운 역할은 항상 익숙지 않고 부담스럽습니다. 결혼 생활은 여느 동화처럼 "그래서 행복하게 살았답니다"의 해피엔딩이 아닙니다. 지극히 현실적인 생활 변화입니다. 당신은 지금 주변 상황에 집중하며 그 생활 변화에 적응하기 위해 노력하고 있을 거예요. 새로운 생활에 익숙해지게 되면, 예전 당신의 모습으로 자연스럽게 돌아갈 수 있지요. 그러니 '도대체 내가 왜 이러고 사는 걸까?' '나는 도대체 뭐지?' '이렇게 살려고 그동안 치열하게 노력해 온 것일까?' 등과 같은 생각으로 고민하지 마세요. 일단은 변화된 생활에 빨리 적응할 수 있도록 노력하는 것이 더 좋습니다.

제대로 적응을 해야 보다 빨리 안정을 찾을 수 있고, 또 원래의 내 모습을
찾기가 더 쉬워지니까요.

결혼 전 당신은 어떤 사람이었나요?
어떤 꿈을 갖고 있었나요?
무엇을 좋아했나요?
그때의 당신과 지금의 당신은 결코 다른 사람이 아니에요.
당신은 여전히 당신입니다.

갑자기 '엄마'가 되어 버린
내가 낯설어요

어른들 이야기처럼 눈에 넣어도 아프지 않을 정도로 아이가 예뻐요. 그런데 한편으론 믿어지지가 않아요. 내가 누군가의 엄마가 되었다는 사실이요. 내가 이 아이를 먹이고 씻기고 재우고 책임져야 한다는 것이 이상하기만 하죠. 마치 꿈을 꾸고 있는 것 같아요. 어떨 때는 아이를 안고 있지만, 아이가 처음 보는 사람처럼 낯설게 느껴질 때도 있어요. 애가 정말 내 배 속에서 나온 게 맞나 싶을 때도 있고요.

결혼 생활에 적응이 될 만하니 어느덧 임신을 합니다. 임신을 하자 주위 사람들의 관심이 온통 나에게로 쏠립니다. 시부모님을 비롯한 어른들은 잘 먹어야 한다며 몸 관리를 하라고 잔소리를 합니다. 잔소리이긴 하지만 좋은 것 먹고 잘 쉬라는 이야기라서 기분은 좋습니다. 남편은 웬만하면 내 마음이 상하지 않도록 눈치를 살핍니다. 갈등이 생기는 상황에서도 "배 속의 아기가 싫대."라는 말 몇 마디면 남편은 꼼짝 못합니다.

하지만 임신해서 직장에 다니는 건 결코 쉽지 않습니다. 물론 회사에서도 가급적 야근에서 제외시키고 골치 아픈 프로젝트를 맡기지 않는 등 배려해 주려 합니다. 그런데 바꿔 말하면 회사의 중요한 일은 당분간 맡기지 않는다는 뜻이지요. 그 배려만으로도 감사해야 마땅하지만, 왠지 회사의 핵심인재 대열에서 살짝 벗어난 것 같아 서운할 때도 있습니다.

그렇게 달이 정신없이 차오르고 드디어 아이가 태어납니다. 내가 내 자신보다 더 신경 써야 할 존재, 아이! 분명 내 배 속에서 나온 건 맞는데, 왠지 모르게 낯설기만 합니다. 신기한 한편 정말 이 아이가 내 배 속에서 나온 게 맞는지 바보 같은 생각까지 들죠. 내가 지금 안고 있는 아이가 내 자식이고, 내가 이 아이의 엄마가 되었다는 사실이 현실로 다가오지 않습니다. 꿈을 꾸고 있는 것만 같아요. 이처럼 낯설고 복잡한 감정은 계속 기분을 가라앉게 만듭니다.

이런 와중에 아이는 엄마의 체력과 인내심이 얼마나 되는지 마치 시험하는 것 같습니다. 얼마만큼 안 잘 수 있는지, 얼마만큼 자신을 안아 줄 수 있는지, 얼마나 안 씻고 견딜 수 있는지 말이에요. 엄마는 몸도 마음도 급격히 지쳐 갑니다.

　지금까지 우리는 엄마가 되는 훈련을 정식으로 받아 본 적이 없습니다. 물론 임신 중에 태교에 대한 강의를 듣거나 텔레비전 프로그램을 보았고, 육아서를 사서 틈틈이 읽기도 했어요. 그러나 이런 준비를 한다고 해서 하루아침에 엄마가 될 수 있는 건 아니에요. 엄마가 된다는 건 아이와 지내는 시간을 통해서만 가능하니까요. 이는 첫째 아이가 되었건, 둘째 아이가 되었건 마찬가지입니다. 첫째 아이와 둘째 아이는 완전히 다른 존재니까요. 엄마는 계속 새로운 고민을 하게 됩니다.

　아이를 안은 엄마의 얼굴에서는 빛이 납니다. 세상에서 가장 소중한 보물이 생겼으니까요. 아이는 귀엽습니다. 하늘에서 내려온 천사가 따로 없습니다. 하지만 내가 전적으로 책임지고 보살펴야 하는 존재는 분명히 부담이 될 수밖에 없어요. 그런데 이러한 부담 때문에 느끼는 우울함이 반드시 엄마와 아이 모두에게 무조건 나쁜 영향을 미치는 건 아닙니다. 실제로 그런 연구 결과가 있습니다.

　출산을 한 후 여성의 85% 정도가 일시적인 우울함을 경험한다고 합니다. 대개 분만 후 2~4일 후에 시작되어 서서히 심해졌다가 2주 내로 괜찮아진다고 해요. 그렇다고 일상생활을 못할 정도로 심한 게 아니라 눈물이 많아지고, 순간순간 짜증이 나고, 기분이 가라앉는 정도입니다. 일반적으로 산모들이 겪는 산후우울함은 산후우울증과는 다릅니다.

　산후우울증은 전체 산모 10명 중 1~2명 정도가 겪는 것으로 알려져 있는데, 그 정도가 오래가고 심하지요. 한두 달이 지났는데도 다음과 같은 증상들이 느껴진다면, 그건 일시적으로 지나가는 우울함이 아닌 산후우울증일 확률이 높습니다.

- 아이를 포함해서 거의 모든 일에 관심이 생기지 않는다.

- 매사에 쉽게 짜증을 낸다.

- 잠이 잘 오지 않거나 반대로 종일 잠만 잘 때가 많다.

- 주변 사람들이 나에게 전혀 관심이 없다고 생각한다.

- 식욕이 현저하게 떨어지고 성욕을 상실한다.

- 원인을 알 수 없는 막연한 불안감에 사로잡혀 항상 초조한 모습을 보인다.

- 기분 변화로 인해 다른 사람과 대화할 기분이 나지 않는다.

- 이유 없이 몸 상태가 좋지 않는다.

- 기억, 집중력 및 논리적인 사고에 어려움을 겪는다.

_출처 국가건강정보포털 의학 정보

산후우울증은 본인의 의지와 주변 가족들의 도움을 받아 빨리 극복해야 합니다. 하지만 산후우울증이 아닌 출산 후 겪는 약간의 우울함은 오히려 산모와 아이에게 더 좋다는 연구 결과가 있어요. 우울함은 주변의 도움을 이끌어 내고 자신에게 소중한 것을 보존하기 위한 전략적인 감정으로 보기도 하니까요.

정신분석학에서는 우울의 감정을 '도움을 요청하는 부르짖음Cry for Help'으로 봅니다. 워싱턴 주립대학교 인류학과 에드워드 하겐 교수는 산모가 우울함을 느낄 때 남편의 도움과 지원을 더 많이 받게 된다고 주장합니다. 더불어 주변에 대한 관심이 줄어들고 활동성이 적어지는 우울함의 특징 때문에 산모 스스로 아이에게 더 집중하게 된다고 보았지요. 그러니 출산 후 느끼는 우울함을 무조건 나쁘게만 생각할 필요는 없어요. 그 정도가 과하거나 너무 오래 지속되지만 않는다면 말이죠.

갑작스럽게 엄마가 되면서 느끼는 우울함, 부담스러움, 낯설음, 당황스러움 등은 지극히 자연스러운 감정입니다. 그러니 이런 감정들을 느끼면서 죄책감을 느낄 필요는 전혀 없습니다. 부정적인 감정들을 느낀다고 해서 아이를 사랑하지 않는 게 아니니까요. 아이를 낳고 엄마가 되어도, 우리는 여전히 한 명의 사람이고, 내면에 매우 다양한 감정들을 가진 여자입니다. 스스로를 낯설어하지 마세요. 본질이 아닌 역할이 바뀌었을 뿐이니까요.

엄마가 되기 위한 준비
'감정 공부'

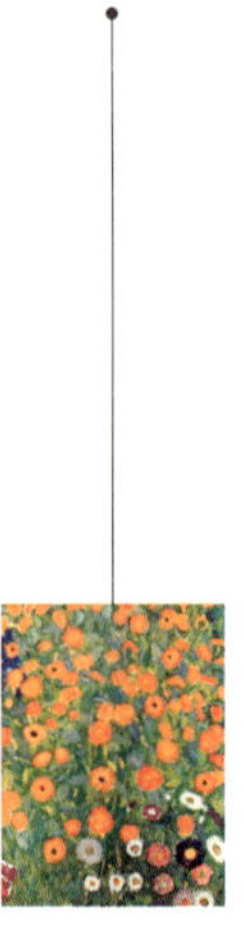

"마음 가는 대로"라는 말이 있습니다. 마음 그리고 마음속의 감정들은 내가 '이런 감정은 느끼자'라고 결심한다고 해서 생기거나, '저런 감정은 느끼지 말자'라고 한다고 해서 예방할 수 있는 게 아니에요. 이성적으로 통제하기도 어렵고, 뜻대로 움직이지도 않죠. 다른 사람의 감정도 아니고 분명 내 감정인데도 말이에요.

엄마 역할을 감당한다는 건 결코 쉬운 일이 아닙니다. 우리의 엄마를 떠올려 보세요. 나를 낳아 준 엄마한테 서운한 적도, 엄마에게 상처 받은 적도 있을 거예요. 하지만 반대로 우리가 엄마에게 주었던 그 수많은 상처들을 생각해 보면, 우리가 받은 상처는 별것 아닐 거예요. 엄마는 자식에게 한없이 약한 존재라서, 서로 싸우다가도 엄마 쪽에서 먼저 자식을 안쓰러워하며 양보하고 스스로 희생을 자처하죠. 이제는 내가 내 아이를 위해 그런 엄마 역할을 해주어야 할 때가 온 것입니다.

그리고 이런 역할을 잘 해내기 위해서는 엄마의 감정이 더 건강해져야 합니다. 자존감은 높아지고 감정의 회복력이 더욱 빨라져야 합니다. 그래야 아이를 더 넓은 마음으로 보듬어 안을 수 있어요. 당신의 감정에 더 민감해지세요. 예민하게 반응하고 행동하라는 것이 아니라, 자신이 어떤 감정을 느끼고 있는지를 스스로 돌아보라는 뜻이에요.

특히 지금 현재 내 감정에 집중해 보세요. 스스로를 돌아보고 기분이 좋은지, 그렇지 않은지를 살피는 거죠. 그리고 할 수만 있다면 그 감정에 대해 빠르게 조치를 취하세요. 아이가 배고프다고 울면 바로 뛰어가서 우유나 음식을 가져오듯이, 당신 자신을 위해서도 가능하다면 빨리 감정의 욕구를 충족시켜 주세요. 내 감정을 달래는 데 그리 오랜 시간과 비용이 드는 것은 결코 아니에요.

마음이 우울하다고 느끼면, 따뜻한 차 한잔을 타서 나에게 대접하세요. 허브티나 달달한 핫초코도 좋습니다. 어린 아기를 둔 엄마들은 따뜻한 차 한잔도 마시기 힘듭니다. 아기는 끊임없이 엄마를 찾고 잠깐만 방심해도 뜨거운 차에 손을 뻗기 일쑤거든요. 그러다 보니 식어 빠진 차(커피)를 단숨에 들이켜는 일상이 반복됩니다. 하지만 내 마음이 우울하다면, 이 날만큼은 좋아하는 찻잔에 손님이 오면 꺼내려고 아껴둔 차를 스스로에게 대접하며 음미해 보세요.

심신이 너무나도 지쳤을 때는 어떻게 해야 할까요? 아기는 어김없이 울며 안아 달라고 보채고 있습니다. 이럴 때는 잠시 이어폰을 귀에 꽂고 내가 좋아하는 노래를 들으며 침대에 누워 보세요. 노래 한 곡이 끝날 때까지의 그 시간 동안, 아기가 운다고 해서 크게 문제될 건 없습니다. 아기 옆에서 완전히 벗어나 있는 게 아니니 문제가 생기면 바로 조치를 취해 아기를 보호할 수 있습니다. 그러니 걱정하지 말고 노래 한 곡을 듣는 시간 동안만이라도 휴식을 취해 보세요.

실천에 옮기기 어려운 꿈 같은 조언이라고만 생각하지 말아 주세요. 아이를 돌보는 것만이 엄마 역할은 아닙니다. "난 엄마니깐……." 이런 말에 자신의 감정을 뒷전으로 미루지 마세요. 육아는 최고의 '육체 노동'이자 '감정 노동'입니다. 내 감정에 대해 발 빠르게 조치를 취하여 부정적인 감정이 깊어져 마음의 병이 생기는 것을 막아야 합니다. 감정에 일종의 응급조치를 하는 것이지요.

저 역시 회사에서 힘든 일이 있거나 누군가와 기분 나쁜 대화를 했을 때 또는 가족과 사소한 말다툼을 했을 때면 재빨리 제 감정에 응급조치를 합니다. 마치 손가락을 베이면 빨리 아물도록 반창고를 붙여 주는 것처럼요. 제가 좋아하는 쌀과자를 몇 봉지 사두었다가 짜증이 날 때 한 봉지씩 뜯어서 먹기도 하고요. 마음에 드는 파자마나 티셔츠를 사두었다가 꺼내어 입어 보기도 합니다. 향기 좋은 샴푸로 머리를 감은 후 헤어드라이어로 말리기도 하는데, 제게서 느껴지는 향기와 산뜻함에 머리를 감기 전보다 한결 우울했던 감정이 약해지는 걸 느낍니다. 재미있는 잡지를 사두었다가 일이 뜻대로 안 풀릴 때면 방바닥에 엎드려 보기도 하지요. 한 장, 두 장 페이지를 넘기다 보면 조금 전의 감정 상태보다 훨씬 나아진 제 자신을 발견하게 되요.

　기억해야 할 점은 힘든 감정을 그대로 방치하면 안 된다는 것입니다. 방치된 감정은 마치 가꾸지 않은 정원과 같습니다. 주인이 정원을 가꾸지 않고 내버려 두면 잡초와 나무 덩굴이 서로 얽히면서 정원 자체가 어두컴컴해지고 지저분해지잖아요. 내 감정도 마찬가지예요. 너무 오래 방치하면 어디서부터 감정의 실마리를 풀어가야 할지 알 수 없게 되죠. 그러다 어느 순간 감정에 치명적인 문제가 발생합니다. 하지만 내 마음속에 우울함, 짜증, 화, 불안, 슬픔 등의 감정들이 생겼을 때, 바로 조치를 취하거나 관리해 주면 건강한 감정 상태를 유지할 수 있어요.

　우리는 부정적인 감정들을 느끼는 것 자체를 부끄러워하며 잘못된 것이라고 생각합니다. 특히 엄마들은 아이와 부대끼며 생기는 감정이다 보니 이런 경향이 더욱 강합니다. 사실 우리의 진짜 잘못은, 이런 감정을 방치하고 때로는 무시하며 억누르는 것인데 말이죠.

정말 3년만 참으면 되는 걸까요?

로마의 시인 호라티우스는 이런 시를 썼습니다.

행복한 사람, 홀로 행복하여라.
오늘을 나의 것이라고 말할 수 있는 사람,
확신을 갖고 이렇게 말할 수 있는 사람,

우리는 짜증, 화, 불안 등의 감정들을
느끼는 것 자체를 부끄러워하며
잘못된 것이라고 생각합니다.
특히 엄마들은 아이와 부대끼며 생기는
감정이다 보니 이런 경향이 더욱 강합니다.
사실 우리의 진짜 잘못은,
이런 감정을 방치하고 때로는 무시하며
억누르는 것인데 말이죠.

내일이여, 무슨 짓이든 해보렴. 나는 오늘을 살 테니.

이 시는 지금 현재에 집중하라는 의미를 담고 있습니다. 사람에 따라 미래지향적인 성향이 강한 경우가 있어요. 이런 사람들은 미래를 바라보며 삽니다. 현재가 힘들어도 1년 후, 3년 후를 바라보며 지금의 고통을 힘겹게 참아내죠. 물론 이런 태도가 나쁜 것만은 아니에요. 목표를 달성하기 위해 지금의 즐거움을 보류하는 것이니까요. 하지만 관점에 따라서는 달리 볼 수도 있습니다. 우리의 삶은 '지금'과 '현재'가 모여서 결국 만들어진다고 할 수 있으니까요.

호라티우스는 그런 점을 시에 담았습니다. 그리고 저 역시 오늘을 살아가며, 가능한 한 지금 내 감정을 즐겁게 만들 수 있도록 노력해야 한다고 생각합니다. 내 아이가 유치원에 들어갈 때까지 엄마인 나의 즐거움과 행복은 잠시 미뤄 두자고 결심하는 건 현명한 생각이 아니에요. 아이가 유치원에 입학한다고 해서 엄마가 필요 없어지는 게 아니니까요. 엄마 역할은 단기간에 끝나는 것이 아니라 평생을 통해 계속된다는 걸 우리는 이미 알고 있습니다.

내 감정이 즐거워야 비로소 내가 즐거워질 수 있습니다. 그리고 마음만 먹으면 내 감정을 지금보다 훨씬 더 즐겁게 만들 수 있습니다. 당장 나 자신을 위해 사소한 일이라도 행동으로 옮기기만 하면요. 나 자신을 기분 좋아지게 하는 일을 다음으로 미루지 마세요. 시간이 지나면 감정도 바뀝니다.

오후 3시인 지금, 나는 외롭습니다. 내가 느끼는 감정이 외로움이라고 생각되면, 그에 걸맞은 조치를 취할 수 있어요. 나와 마음이 맞는 누군가와 전화로 한바탕 수다를 떨고 나면 한결 기분이 나아질 거예요. 내일 오후 3시에도 나는 똑같이 외로움을 느낄까요? 그렇지 않아요. 내일 이 시간엔 아이가 엎질러 놓은 우유를 걸레로 닦으며 화를 내고 있을 수도 있고, 맛있는 간식을 사가지고 갑자기 방문한 동생 때문에 들뜬 감정을 느끼고 있을 수도 있습니다. 감정은 매순간 바뀌니까요.

격정적이고 들쭉날쭉한 감정에 휘둘리는 상황에서 엄마 역할을 제대로 할 수 있는 사람은 이 세상에 단 한 사람도 없습니다. 엄마가 되기 위한 준비 중에서 가장 먼저 해야 할 일은, 당신의 감정을 제대로 읽고 조치를 취해서 건강하게 가꾸어 나가는 것입니다. 그렇게 할 수 있도록 제가 당신 옆에서 도와줄 거예요.

3장

왜 자꾸 이런
감정들이 생길까요?

"사람은 남에게 속는 것보다
자신의 감정에 속는 경우가 더 많다."

J. 초케(독일 작가)

🍂 엄마로 살아간다는 건 특별한 일이에요. 사랑스러운 내 아이의 성장을 곁에서 온전히 지켜보고, 누군가의 절대적인 의지처가 되어 주는 경험은 정말 특별하지요.

그런데 그 특별함과는 별개로 때로는 폭풍 같은 감정들이 욱하고 물밀 듯 밀려옵니다. 거듭 말하지만, 감정은 나의 의사와는 상관없이 발생합니다. 내가 어떤 감정을 느끼고 싶다고 해서 마음대로 느낄 수 있는 게 아닌 것처럼, 그 감정을 느끼고 싶지 않다고 해서 피할 수 있는 것도 아니죠.

지금부터는 아이를 키우는 엄마로서, 자주 느끼게 되는 감정들을 하나씩 살펴볼 거예요. 나 혼자만 이런 감정을 느끼고 있는 건 아닌지 불안하고 힘이 들었다면 이젠 그럴 필요가 없어요. 지금 당신이 처한 상황에서 느끼는 감정들은 분명한 이유가 있고, 대개는 필요에 의해 생기는 건강한 감정들이니까요. 당신에게 문제가 있어서 그런 감정들을 느끼는 것이 아니라, 누구나 당연히 느낄 수 있는 감정들이라는 걸 알게 될 거예요. 육아로 인해 내 안에 여러 가지 감정들이 생기고 있다는 걸 알고 나면, 마음이 훨씬 편안해집니다. '맞아, 나 이런 감정이 들었어.'라고 편안하게 돌아보고 스스로 인정하면 됩니다. 인정하는 것만으로도 이미 마음의 치유가 시작되었다고 보니까요.

지금부터 도무지 헤어 나올 수 없을 것 같던 육아 감정들을 이해하고 해결책을 찾아 나가 볼까요?

제대로 차려진 밥상에서
밥을 먹고 싶어요

서글픔

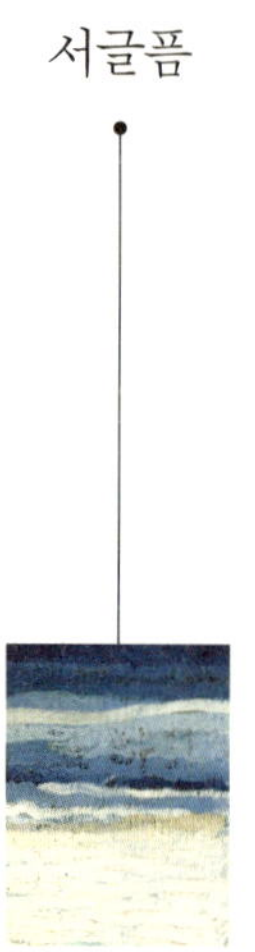

아직 아이가 어려서 하나하나 다 챙겨야 해요. 기껏 좋은 재료를 넣어서 만들어 줘도 잘 안 먹고 뱉어 낼 때가 많아요. 그때마다 다시 아이 입맛에 맞는 걸 만듭니다. 어쨌든 먹여야 하니까요. 그러다 보면 제 식사 때를 놓치기 일쑤죠. 챙겨 먹더라도 김치랑 김만 꺼내서 대충 때우는 식이에요. 저만의 밥상을 차려서 제대로 먹은 게 언제였나 싶어요.

아이는 엄마에게 절대적으로 의존할 수밖에 없습니다. 먹고 자는 아주

기본적인 것들이 엄마의 손에 달려 있으니까요. 당연히 엄마는 아이를 돌보는 데에 집중할 수밖에 없습니다. 모든 걸 아이 위주로 맞추게 되지요. 그런데 이런 생활이 반복되다 보면 엄마는 점점 지치게 됩니다.

건강하게 오래 장수하는 비결에 대해 각 분야의 전문가들은 다양한 방법들을 제시하고 있습니다. 의사 선생님은 비타민을 꾸준히 먹으며 면역력을 길러야 한다고 하고, 운동 트레이너는 운동이 제일 중요하다고 하죠. 누군가는 잠이 보약이라고 하고, 또 누군가는 반신욕을 권하기도 하고요. 물론 모두 다 맞는 말이에요.

그런데 건강을 지키기 위해 일상생활에서 지켜야 할 기본 중의 기본은 매끼 식사를 제대로 챙겨 먹는 거예요. 식사를 거르는 일이 대수롭지 않게 생각될 수도 있지만, 한 끼 한 끼는 당신의 몸에 에너지를 채워 넣는 연료와 같으니까요.

엄마는 해야 할 일이 참 많습니다. 그래서 엄마가 아프면 치명적이지요. 감기에 걸린 엄마는 아이에게 감기가 옮을까 봐 마스크를 쓰고 손도 자주 닦습니다. 만약을 대비해서 아이 가까이 선뜻 다가가지도 못하죠. 게다가 몸이 여기저기 쑤시니 아이를 위해 음식을 만드는 일뿐만 아니라 만사가 귀찮아집니다. 예민해진 상태이다 보니 대번 아이에게 짜증을 내기도 하죠.

윤정 씨는 원래부터 밥을 많이 먹는 체질이 아니었어요. 평소에도 먹는 양이 적어서 친정엄마에게 걱정을 사곤 했습니다. 하지만 매끼마다 거르지 않고 꼭 챙겨 먹었습니다. 스스로 체력이 강하지 않다는 걸 알았기 때문이죠. 그런데 아이를 낳고부터 모든 것의 우선순위는 아이였습니다. 당연히 먹는 것도 아이부터 챙겨야 했죠. 정신없이 이유식을 만들어 먹이고 나면, 이미 점심시간은 훌쩍 지나 점심을 먹기는 늦고 저녁을 먹기에는 이른 애매한 시간이 되곤 했습니다. 더군다나 밥을 잘 먹지 않는 아이 탓에 식사 때마다 전쟁을 치르다 보면 아예 식사를 건너뛸 때도 많았지요. 그렇지 않아도 체력이 약한 편인 윤정 씨는 밤이 되면 온몸의 진액이 다 빠져나간 것처럼 늘어졌습니다. 침대에 지친 몸을 누이면 한없이 밑으로 꺼져 들어가는 것만 같았죠.

엄마의 안전부터 챙기세요

윤정 씨가 자꾸 지치는 건 너무나도 당연한 일입니다. 밥은 에너지예요. 에너지를 공급하지 않는데, 어떻게 윤정 씨가 버틸 수가 있겠어요?

사람의 몸과 감정은 별개가 아니라 하나입니다. 몸이 아프면 감정도 자꾸 가라앉고 어두워지죠. 몸의 에너지가 떨어지면서 체력이 저하되면 감정적으로 예민해지게 되고요. 그래서 아이 입에 먹을 것을 넣어 주는 일만큼 엄마 자신의 입에 제대로 된 음식을 넣어 주는 일도 정말 중요합니다. 물론 밥 한 끼 안 먹는다고 해서 사람의 목숨에 큰 지장이 생기는 건 아니에요. 하지만 제대로 먹지 못하면 체력이 조금씩 약해지고 더불어 마음도 약해집니다. 서글픔, 우울함, 스스로에 대한 안쓰러움 등의 감정들을 더 자주 느끼게 되죠.

여행을 가기 위해 비행기를 타면 승무원들이 안전교육을 시켜 줍니다.

그중 하나가 산소호흡기의 사용법이에요. 이때 아이를 동반한 부모에게 어떻게 이야기해 주는지 들어 본 적 있나요? 아이를 보호해야 하니 아이부터 산소호흡기를 착용시켜야 한다고 말하나요? 아닙니다. 그 반대로 이야기합니다. 부모부터 산소호흡기를 착용하고 아이에게 조치를 취하라고요. 내가 안전하지 않은 상태에서 아이부터 챙기는 것은 결코 바람직하지 않다는 겁니다. 부모에게 위험한 일이 생기면 아이의 생명 역시 위협을 받으니까요.

물론 밥 먹기 싫어서 굶는 엄마는 없습니다. 아이 때문에 정신이 없어서 나 자신을 챙길 수가 없는 거지요. 엄마에게 필요한 것은 '울려도 괜찮아'라는 마음입니다. 아이는 철저히 자기중심적입니다. 엄마도 밥을 먹지 않으면 배가 고프다는 것을, 먹어야 한다는 것을 전혀 알지 못합니다. 그저 엄마가 당장 날 안아 주기를, 놀아 주기를 바랄 뿐입니다. 그런 아이의 욕구는 잠시 뒤편으로 밀어 두세요. 식사하는 데 필요한 10~20분 정도는 괜찮습니다. 정 바쁘면 볶음밥을 재빨리 만들어 먹을 수 있도록 아이가 잘 때 야채들을 미리 다져서 냉동실에 넣어 두세요. 진수성찬을 차려 먹으라는 소리가 아닙니다. 여러 반찬을 꺼내어 먹는 건 아이가 어릴수록 현실적으로 불가능한 일이죠. 양푼에 여러 반찬을 한꺼번에 쏟아 붓고 비벼 먹더라도 영양은 챙겨 가며 먹어야 한다는 뜻입니다.

엄마가 제대로 먹어야 아이도 잘 먹을 수 있어요. 아이를 배 속에 품고 있었던 때처럼 당신의 건강은 곧 아이의 건강입니다. 당신이 먹는 음식, 하루 세 끼를 소홀히 하지 마세요.

왜 다들 나에게
유난 떤다고 할까요?

억울함

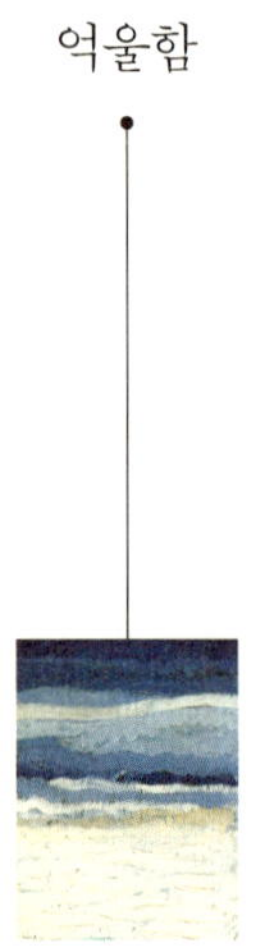

주위에서 내가 힘든 걸 인정해 주지 않아요. 어쩌다 힘들다고 하면, "너 혼자만 애 키우냐?" "남들 다 하는 거 왜 이렇게 유난 떨어?"라며 면박을 줄 때가 많아요. 사람마다 힘들어하는 상황은 다 다른데, 왜 가족들은 제 상황을 이해해 주지 않는 거죠? 그럴 때마다 상처를 받아요.

때때로 가족 혹은 친구들은 내 상황을 몰라줘도 너무 몰라줍니다. 세상의 모든 엄마들이 다 애 키우며 살림하는데, 그게 뭐가 힘드냐고 핀잔을 주죠. 자신들의 경험을 내세우면서요. 자기는 별로 힘들지 않았는데, 같은 일로 힘들어하는 당신을 이해하지 못하겠다며, 참 별나다고 혀를 끌끌 차기도 합니다.

경진 씨는 원래부터 아이를 좋아하는 편은 아니었어요. 친구들과 함께 공원을 걷거나 지하철을 타고 가다가 아이라도 보게 되면, 친구들은 우르르 몰려가 아이를 둘러싸고 감탄을 연발했죠.

"정말 귀엽다, 한번 안아 봐도 돼요?"

그럴 때마다 경진 씨는 부산 떠는 친구들 뒤에 멀거니 서 있곤 했습니다. 딱히 아이가 예쁘지 않은 건 아니지만, 그렇다고 귀여워 못 견딜 만큼 좋아하지는 않았거든요. 부모님은 그런 경진 씨에게 "네 새끼 낳아 봐라, 아마 예뻐 죽을 거다."라고 하셨지만요.

경진 씨 역시 자신의 아이가 태어나자 특별한 애정을 느꼈습니다. 하지만 산후조리원에 같이 들어와 있는 엄마들처럼 아이가 예뻐서 깨물어 주고 싶다거나 아이 얼굴에서 눈을 떼지 못할 정도까지는 아니었습니다. 오히려 좀 무덤덤한 편이었죠.

산후조리원에서 나온 경진 씨는 아이와 단 둘만의 일상생활이 시작되자 급속도로 지쳐 갔습니다. 아이와 관련된 일은 하나부터 열까지 고역이었죠. 익숙하지 않아서인 것도 있지만, 이상하게도 힘이 들었습니다. 그런 경진 씨를 보며 가족들은 모두들 고개를 저었습니다. 세상 대다수 여자들이 아이를 낳고 기르는데, 혼자만 유난스럽다고요. 경진 씨 스스로도 "내가 남들보다 인내심이 없는 건가? 난 왜 이렇게 힘들지?"라고 되묻곤 했습니다.

당신이 힘들면 힘든 거예요

사람에 따라 힘들어하거나 싫어하는 것, 무서워하는 것들이 모두 다릅니다. 예를 들어 당신이 파충류를 매우 싫어하고 무서워한다고 가정해 보지요. 뱀이나 악어, 거북이 등을 보면 온몸에 소름이 돋아 똑바로 쳐다볼 수가 없습니다. 그런데 텔레비전을 보면 가끔씩 파충류를 애완동물로 키우는 사람들의 이야기가 나오잖아요. 그들은 파충류를 집 안에서 키우면서 목에 감기도 하고 쓰다듬기도 하죠. 그걸 어떻게 이해할 수가 있겠어요. 그런데 당신은 깜깜한 밤은 별로 무서워하지 않아요. 반면에 파충류를 키우는 누군가는 어둠을 못 견뎌 하며 힘들어할 수도 있어요. 즉 사람들이 느끼는 두려움, 힘듦 등의 감정들은 서로 비슷하지만, 그 감정을 유발하는 대상이나 물건, 상황은 각각 다를 수 있습니다.

부정적인 감정을 유발하는 대상이나 상황이 다른 것처럼 긍정적인 감정을 발생시키는 것도 사람마다 다릅니다. 당신은 책을 읽거나 글을 쓰거나 무언가를 배우고 익히는 걸 좋아할 수도 있습니다. 그런 일들을 할 때는 신이 나서 힘든 줄도 모르죠. 집안정리를 하거나 음식을 만드는 것도 어려움 없이 뚝딱 해낼 수 있고요.

그런데 누군가를 돌보는 건 이상하게 힘듭니다. 특히 아이는요. 누군가에게는 곤혹스러운 요리도 짜증 하나 없이 해내는 당신이지만, 아이를 대하는 일은 부담스럽고 버겁기만 합니다. 아이를 위한 식단을 따로 신경 써서 만들어 먹여야 하고, 밤새 곁에서 아이를 다독이며 재워야 하고, 아이의 쏟아지는 질문에 하나하나 답해 줘야 할 때마다 온 힘을 짜내는 느낌이 듭니다.

이것은 엄마로서의 모성애가 부족해서가 아니라, 집 안에서 하루 종일 아이만을 돌보기에는 당신이 에너지가 너무 많아서일 수도 있습니다. 성격이 활달하고 역동적인 당신은 밖에서 사람들을 만나며 돌아다닐 때 활력을 느끼는데, 아이 때문에 묶여 있으니 답답하게만 느껴지는 것이지요. 혹은 당신의 체력이 문제일 수도 있어요. 몸이 약한 편이라서 아이의 요구를 다 들어주자니 힘이 듭니다. 무엇보다 엄마가 되는 순간, 우리들은 자신의 의지와 상관없이 철저한 희생과 양보가 요구됩니다. 그러니 당연히 힘들 수밖에요. 이를 얼마나 잘 견뎌 내느냐는 사람마다 다릅니다.

"아이를 보느니 차라리 밭일 나가겠다."는 옛 어른들의 말은 과언이 아닙니다. 아이 보는 게 밭일을 하는 것보다 더 힘들다는 거죠. 여기에 누군가를 돌보는 일에 서툴러서 오는 피로감도 만만치 않습니다. 그만큼 몇 배의 에너지가 들어가니까요.

많은 사람들이 하는 오해가 있습니다. 여성은 모성애를 타고나며 누군가를 보살피는 것을 좋아한다고 말이죠. 그러나 사람을 성별로 이등분하여 성향을 단정 지을 수는 없습니다. 여성 중에서도 육아나 살림에는 소질이나 흥미가 전혀 없는 사람들이 많습니다. 반대로 남성 중에서 섬세하고 세심하여 아이를 돌보거나 요리에 소질을 보이는 사람들도 있죠. 무조건 힘든 일도, 힘들지 않은 일도 이 세상에는 없습니다. 일 자체와는 상관없이 사람마다 자신에게 쉬운 일의 종류가 다를 뿐입니다. 그래서 당신이 힘들다면 힘든 거예요. 다른 사람과 비교할 필요는 없어요.

그렇다고 주위 사람들이 나의 힘듦을 몰라준다고 해서 그들을 설득하

당신이 힘들다면 힘든 거예요.
다른 사람과 비교할 필요는 없습니다.

려 하고, 내 입장을 계속 피력하는 건 별로 의미가 없습니다. 각자의 생각들은 잘 바뀌지 않으니까요. 이럴 때는 나의 어려움을 가장 잘 알아주는 이 세상에 유일한 사람, 바로 '나'로부터 위로를 받는 게 가장 좋습니다.

내 주변의 누군가가 힘들어할 때, 당신은 어떤 이야기를 해주나요?

"많이 힘들지?"

"힘내."

"다 잘될 거야. 그러니 용기를 내."

이런 말들로 격려와 위로를 해주지 않나요? 마찬가지로 힘든 나 자신을 위해 내 감정을 보듬어 주세요. 스스로에게 힘을 불어넣어 주세요. '남들도 다 하는 걸 가지고 나만 왜 이러지? 내가 부족한가?'라는 생각으로 자신을 책망하지 마세요. 내 어깨를 어루만지면서 "너 힘든 거 잘 알아."라고 다독여 주세요. 내 엉덩이를 툭툭 두드려 주면서 "넌 지금 잘하고 있어."라고 말해 주세요.

위로는 꼭 남들로부터 받아야 하는 건 아니에요. 자꾸 타인으로부터 위로 받기를 기대하다 보면 지나치게 의존하게 되고, 어느 순간 구걸한다는 느낌이 들거든요. 결국엔 더욱 비참하게 느껴지죠. 그러니 나 자신에게 용기를 북돋는 말을 자주 해주세요. 아무리 많은 책에서 도움말들을 얻고 머리로 이해해도, 결국 스스로를 위해 실천에 옮기는 말과 행동만이 내 감정을 회복시킬 수가 있습니다.

만약 조금 더 적극적인 위로의 방법으로써 주변 사람들에게 본인의 힘든 상황을 전달하고 공감을 받고 싶다면, 이런 방법들을 사용해 보세요.

항상 얼굴만 보면 "나 힘들어! 나 죽을 것 같아!"를 반복하는 분들이 있어요. 그런데 이런 상황이 계속되면 상대방은 으레 하는 투정이라 생각해 버리고 맙니다. 그래서 어떤 조치를 취하거나 도움을 줄 생각을 못하지요. 게다가 이런 말을 하면서 말투가 격앙되어지거나 화를 내는 목소리를 내면 상대방은 대번 방어적으로 태도가 바뀌게 되지요. 남편들은 대개 담배를 피우러 나간다는 핑계로 현관문으로 달려가거나, 텔레비전 쪽으로 재빨리 고개를 돌려 버립니다. 그러니 내 수고로움을 누군가에게 전달하고 공감 받고 싶다면, 보다 차분한 분위기 속에서 구체적으로 무엇이 힘든지를 이야기해야 합니다. 얼굴을 붉히며 "내가 얼마나 힘든지 당신이 알기나 해?"가 아니라, "오늘 아이가 밥을 잘 안 먹어서 이유식을 5번이나 다시 만들었어. 다리가 퉁퉁 부었네."라고 이야기하는 것이 훨씬 더 효과적입니다. "마음이 답답해 죽겠다니까!"가 아니라, "밖에 나가서 커피 한 잔하고 싶은데, 애가 있으니 못 나가서 답답해."라고 이야기해 주세요. 어떤 일들로 당신이 지쳐 있는지를 자세히 알려 줘야, 그런 상황을 겪지 않아서 잘 모르는 상대방도 비로소 이해하게 됩니다.

그리고 당신을 도울 수 있도록 상대방에게 도움을 요청하세요. 많은 분들이 불평에서 그치고 맙니다. 요청을 하지 않는 거죠. 알아서 해주길 바라면서요. 그러나 냉정하게 말하면 상대방은 내가 아닙니다. 내가 느끼는 힘듦, 고통, 외로움 등을 온전히 느낄 수 없어요. 그러니 힘들 때는 친정엄마에게 밑반찬을 만들어 달라고 부탁하세요. 밖에 나갈 수 없다면 시켜 먹는 것도 좋아요. 혼자 다 떠안고 끙끙대지 말고 스스로에게 힘이 되는 말을 전하는 한편, 당신 주변의 응원부대들에게 구체적인 도움의 손을 내밀세요.

"감정이 우울하고 불편할 때
나를 위로해 줄 나만의 방법을
찾아보세요"

아마도 당신은 엄마로서 떼를 쓰거나 유독 짜증을 부리는 아이를 달래는 노하우를 가지고 있을 거예요. 그렇다면 당신은 평소 감정을 편안히 이완시키는 자기만의 방법을 갖고 있나요? 당신의 감정이 불편하거나 힘이 들어 가라앉을 때 스스로 벗어나는 자기만의 방법이 있나요?

자신의 감정을 스스로 달래고 풀어 주는 건 대단히 중요합니다. 감정은 내버려 두면 시간이 지나면서 저절로 해소되는 것이 아니라 관심을 가져 주고 관리해 주어야 하는 것이니까요. 또한 누군가가 항상 나의 감정을 다독여 줄 수 있는 것도 아니에요. 만약 나만의 비법이 없다면, 지금부터라도 만들어 보세요.

이를 위해 오늘 아침 눈을 뜨면서부터 지금까지 느꼈던 감정들을 살펴보고자 합니다. 무슨 일이 있었고 무슨 느낌을 받았는지 차례로 써보세요. 그리고 당시 느낀 감정을 어떻게 풀어 주면 좋을지 간략히 적어 보세요. 감정을 다독이고 풀어 주는 방법이라고 해서 거창할 필요는 없어요. 고상할 필요도 없고요. 때로는 유치해도 괜찮아요. 그때그때 감정의 매듭들을 풀어 주는 게 중요해요.

언제	발생한 상황	느낀 감정	자신의 감정을 풀어 주는 방법
아침식사	남편이 매일 똑같은 반찬을 준다며 반찬투정을 함.	얄미움	남편이 좋아하는 과일을 후식으로 주지 않음. 남편 출근 후 나 혼자 먹을 예정.
10시경	방금 집으로 돌아왔는데, 아이가 또 밖으로 나가자고 떼를 씀.	짜증	일단 시원한 아이스커피를 만들어 마심. "너도 고생이 많다." 스스로에게 말해 줌.

나 같은 부모 밑에서 태어난
아이가 불쌍해요

죄책감

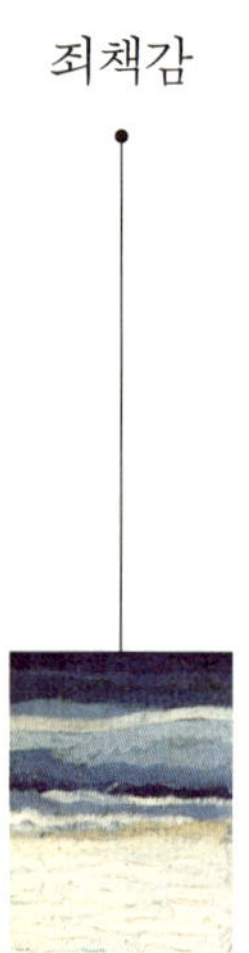

저는 아이에게 해줄 수 있는 게 별로 없어요. 차라리 다른 부모에게서 태어났더라면 훨씬 더 행복했을 텐데. 아이를 보면 자꾸 눈물이 나고 가슴이 미어져요. 나 같은 엄마를 만난 아이가 한없이 안쓰럽고 미안한 마음이 들어요.

세상에는 여러 가지 인연이 있습니다. 그중에서도 인위적으로 끊을 수도 없고 끊어지지도 않는 인연이 있는데, 바로 부모와 자식 간의 인연이죠. 사랑하는 연인들끼리 한평생 헤어지지 말자고 새끼손가락 걸고 약속

하지만, 사랑의 감정만으로는 관계를 그리 오래 지속시키지 못하는 경우가 다반사입니다. 그래서 처음의 약속과는 달리 헤어지는 경우가 많아요. 친구 사이도 마찬가지예요. 아무리 서로의 아픔과 고민을 공유한 절친한 친구라 해도, 처한 상황이 달라지면 상대에 대한 마음이 예전만 못해질 때가 많습니다.

그러나 부모와 자식 간은 달라요. 물론 세상이 험악해지면서 부모와 자식의 연을 끊고 살거나 서로에게 못할 말과 행동을 하여 심한 상처를 주는 경우들도 있긴 합니다. 하지만 이는 텔레비전의 뉴스에서나 나오는 극히 일부에 불과하죠. 대다수 부모와 자식은 서로를 의지하고, 때로는 미워하다가도 다시금 상대를 안쓰러워하며 함께 어우러져 한평생을 살아갑니다. 그래서 부모와 자식 간을 '천륜天倫'이라고도 합니다. 천륜은 하늘의 인연으로 정해져 있는 사회적 관계나 혈연 관계를 의미해요. 그리고 천륜지간天倫之間에는 천륜지정天倫之情이 생기게 되는데, 저절로 우러나는 본능적인 애정을 말하죠. 특별히 노력하거나 애쓰지 않아도 그냥 저절로 숨쉬어지는 것처럼 자연스럽게 끌리는 겁니다.

혜진 씨는 부모님이 반대하는 결혼을 했습니다. 혜진 씨의 어머니는 한동안 머리를 싸매고 드러누울 만큼 극렬히 반대하셨죠. 하지만 자식 이기는 부모 없다고 결국은 혜진 씨의 결혼을 승낙해 주셨습니다. 혜진 씨의 남편은 좋은 대학을 나온 똑똑한 사람이었습니다. 하지만 현실에서의 적응력은 남들보다 부족한 편이었죠. 조금만 힘든 상황이 벌어지거나 일이 고되다고 여겨지면 곧바로 직장을 옮길 생각부터 했습니다.

혜진 씨는 남편이 그럴 때마다 말려도 보고 설득도 해보았지만, 남편은 아랑곳하지 않았습니다. 오히려 자신의 입장을 배려하지 않는다고 혜진 씨에게 서운함을 드러내며 화를 냈죠.

"당신은 내가 힘든 게 안 보여? 가장이니까 무조건 참으라는 거야?!"

남편은 몇 차례 직장을 옮겼고, 그때마다 6개월 이상을 버티지 못했습니다. 반복되는 말다툼과 갈등 속에서 힘들어하던 혜진 씨는 결국 이혼을 결심했습니다. 그즈음 공교롭게도 혜진 씨는 자신이 임신했다는 사실을 알게 되었습니다. 정말 가슴 아픈 상황이었죠. 그러나 혜진 씨는 이런 가정 분위기에서 아이를 키우는 것보다는 차라리 혼자 키우는 것이 낫겠다고 판단하고 이혼 절차를 밟았습니다.

아이는 혜진 씨와 혜진 씨의 부모님을 비롯한 가족들의 사랑을 받으며 무럭무럭 자라나 어느덧 일곱 살이 되었습니다. 눈에 넣어도 안 아프다는 표현이 부족할 만큼, 아이는 혜진 씨의 기대와 사랑 속에서 잘 커주었지요.

그런데 아이가 초등학교 입학을 앞두면서부터 혜진 씨는 자꾸만 걱정이 되기 시작했습니다. '아빠가 없다는 것이 아이를 위축시키는 건 아닐까, 혹시라도 그런 것 때문에 친구들에게 소외당하지 않을까?' 이런 마음이 들자 점점 불안해졌습니다.

얼마 전 아이와 수영장에 놀러갔을 때는 가슴이 찢어질 듯 아팠습니다. 아이가 아빠와 물놀이하는 또래아이를 물끄러미 바라보고 있었거든요. 아이에게서 아빠를 빼앗은 장본인이 혜진 씨 자신이라는 생각이 들어 견딜 수가 없었습니다.

게다가 경제적인 상황도 무시할 수 없었어요. 남편이 꼬박꼬박 월급을 가져다주는 것과 혜진 씨 혼자 직장 생활을 하면서 아이를 키우는 건 현실적으로 큰 차이가 있었죠. 아이가 가고 싶어 하는 곳이나 갖고 싶어 하는 물건을 조를 때면 혜진 씨는 돈부터 생각을 해야 했습니다. 물론 아이가 원한다고 무조건 사주는 건 교육상 좋지 않다는 건 알아요. 하지만 사 줄 수 있는 여유가 있는데도 사주지 않는 것과 돈이 부족해서 못 사주는 건 부모 입장에서 차원이 다릅니다.

이러한 상황들이 겹치다 보니, 아이만 봐도 자꾸 눈물이 나고, 아이를 생각하면 죄책감으로 견디기 힘들어졌습니다.

'왜 나 같은 엄마 밑에서 태어났니? 더 행복하고 좋은 가정에서 태어났더라면 좋았을 텐데……. 미안하다, 우리 딸.'

아이를 바라보는 혜진 씨의 눈빛은 점점 더 어두워졌고, 아이를 향해 활짝 웃을 수가 없었습니다.

행복에는 정해진 공식이 없어요

우리 주변에는 다양한 형태의 가정이 있습니다. 엄마와 아빠가 모두 있는 가정, 엄마와 아빠 중 어느 한쪽만 있는 가정, 부모 없이 조부모를 비롯한 식구들로 이루어진 가족, 아이들로만 이루어진 가족 등 저마다 다릅니다.

그런데 이 중에서 어느 하나만이 모범적 형태이고, 그 외에는 모두 문제가 있는 가정이라고 이야기할 수 있을까요? 과연 엄마와 아빠가 모두 함께 있는 가정만이 건강하고 사랑이 넘치는 가정이라고 할 수 있을까요? 그렇지 않은 가정은 어둡고 상처로만 가득한 가정일까요?

아닙니다. 대체 어느 누가 그렇게 단정 지을 수 있을까요? 어느 누구도 그렇게 말할 수 없습니다. 보편적인 가정 형태를 이루고 있느냐, 그렇지 않느냐는 중요하지 않아요. 한 울타리 안에서 살아가는 사람들이 서로 사랑을 나누고 있느냐, 얼마나 서로를 아끼고 있느냐가 더욱 중요하죠. 원론적이며 이상적인 이야기일 수 있지만, 가정의 형태가 아닌 구성원의 관계가 훨씬 중요하다는 걸 우리는 이미 알고 있습니다.

겉으로 보기에는 부유하며 이상적으로 보이는 가정도 막상 그 안을 들여다보면 갈등과 싸움이 가득한 경우가 있습니다. 남들의 이목 때문이든, 그 이유가 무엇이든 가족으로서 아무런 교류 없이 살아가는 경우도 있고요. 겉으로는 아무 문제없이 행복한 척 '쇼잉showing'하지만, 그 안에서 어느 누구도 행복함을 느끼지 못하는 가정도 있습니다.

이렇게 생각해 보면 가족의 구성원이 누구냐는 것은 별로 중요치 않아요. 아이에게도 마찬가지고요. 아이는 자신을 돌보는 사람이 얼마나 자기를 사랑하는지 본능적으로 압니다. 당신은 오로지 한 가지만 생각하면 돼요. 아이에게 얼마나 많은 사랑을 줄 수 있느냐는 것이요.

당신이 계속 죄책감과 우울한 감정으로 아이를 바라보면, 엄마의 눈빛과 행동을 통해 그 감정들이 마치 호스에서 물이 뿜어져 나오듯 아이에게로 뿜어진답니다. 엄마와 단둘이서 얼마든지 행복할 수 있었던 아이는 엄마의 지나친 죄책감으로 점차 물들어 갈 거예요. 결국 아이는 '아, 나는 불행한 거구나.' 하고 확신하게 되죠. 아이의 눈빛과 행동도 어둡게 변해 갈 거고요. 부모로부터 사랑의 감정, 즐거움의 감정을 충분히 느끼며 자라난 아이들은 세상을 긍정적으로 바라봅니다. '이 세상은 살아볼 만하다'고 느끼죠. 반대로 부모와 함께 지내면서 우울함, 죄책감, 슬픔을 상대적으로 많이 느낀 아이는 세상을 어둡게 바라볼 확률이 매우 높습니다. 이는 이후 아이가 성인이 되어서 다른 사람들과 관계를 형성하는 데에 부정적인 영향을 미칩니다.

행복한 가정에 대한 정해진 공식은 없습니다. 구성원이 누구든, 가족의 인원이 몇 명이든 이런 건 행복과 아무런 상관이 없어요. 행복하고 건강한 가정의 필수 조건은 서로에 대한 따뜻한 사랑과 배려의 감정이니까요. 이제 더 이상 아이에게 죄책감을 느끼지 마세요. 정신의학자 조지 엥겔의 연구에 따르면, 부모가 이혼하여 성격이 불안정해진 아이라 할지라도 좋은 교사를 만나게 되면 성격이 바뀔 수 있습니다. 아이를 따뜻하게 보살펴 줄 수 있는 어린이집과 유치원을 찾아보세요. 학습만을 강조하는 곳이 아닌 아이에게 사랑을 줄 수 있는 곳이 분명 있습니다. 즐거움과 따뜻함을 느낄 수 있는 사람들의 모임에 아이를 자주 데려가 주세요. 아이는 그 사람들의 감정에 물들어 함께 즐거워하고 따뜻한 마음을 갖게 될 것입니다.

아이는 혼자 키우는 것이 아닙니다. 세상에는 나와 내 아이를 도와주고 지원해 줄 지원군들이 있어요. 내 아이에게 든든한 지원군들을 많이 만들어 주는 것, 행복한 감정의 울타리를 만들어 주는 것, 그것이 불필요한 죄책감에서 빠져나와 당신이 해야 할 중요한 역할입니다.

애만 아니면
지금쯤 난……

안타까움

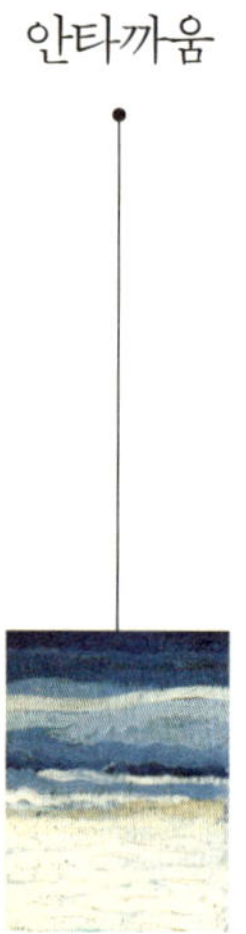

저는 예전에 사람들한테 인기가 많았어요. 학교 다닐 때 공부도 꽤 잘했고요. 애를 낳기 전에는 패션에도 관심이 많아서 친구들이랑 곧잘 쇼핑도 다녔죠. 그런데 지금은 아이 때문에 마음 놓고 나갈 수가 없어요. 막상 오랜만에 외출해도 제대로 물건을 구경하기는 불가등하죠. 아이만 생기지 않았더라면, 전 직장을 계속 다녔을 거고 지금쯤 과장으로 승진했을 거예요. 이런 생각을 하면 안 되는 줄 알면서도 자꾸 억울한 생각이 들어요.

아이가 생기면 엄마는 원하든 원하지 않든 감수해야 할 것들이 많아집니다. 결혼 전에는 오로지 자신을 위해 100% 시간을 사용했다면, 결혼을 하고 아이가 생기고 나서부터는 10%도 자신을 위해 할애하지 못하지요. 내가 하는 모든 일들은 거의 대부분 아이와 관련된 것들입니다. 평소 좋아했던 쇼핑 역시 아이의 옷이나 책, 장난감 등 온통 아이의 물건으로 한정됩니다. 장을 볼 때도 아이의 먹거리에만 집중하게 되죠. 일어나서부터 잠들 때까지 씻기고 안아 주고 놀아 주고 책을 읽어 주며, 하루라는 시간 동안 엄마는 아이에게 요리사가 되었다가 놀이 친구가 되었다가 선생님이 되어 줍니다.

엄마에게 아이란 자기 자신을 잊을 만큼 소중한 존재입니다. 그러나 그에 못지않게 포기할 수 없는 대상이 있어요. 바로 나 자신입니다. 아무리 재미있는 이야기라도, 자기와 관련된 이야기만큼 눈빛을 빛나게 하는 건 없습니다. 들어서 정말 기분 좋은 말이라고 해도 내 이름보다 의미 있고 귀에 쏙 들어오는 말을 찾기란 힘들죠. 사람들이 많이 모여 시끄러운 장소에서도 누군가 내 이름을 말하면 대번에 알아듣잖아요. 그만큼 누구에게나 자신의 존재야말로 최고의 관심사입니다.

당연히 아이 때문에 자신을 제대로 돌보지 못한 엄마는 마음속이 텅 빈 것처럼 쉽게 허무함을 느낍니다. 곧잘 멍해지기도 하고요. 집에서 아이와 즐겁게 지낼 때에도 예전에 자신이 누리던 것들, 했던 일들, 가봤던 장소들이 자꾸 떠오릅니다. 몸도 마음도 홀가분했던 시절이 자꾸만 그리워지는 거죠.

제가 연구실에서 두희 씨를 처음 봤을 때, 텔레비전 속 연예인이 문을 열고 들어오는 줄 알았을 만큼 매력적이었습니다. 제 손바닥만 한 조그마한 얼굴에 둥근 눈이 아주 귀여워 보였어요. 두희 씨는 누가 봐도 마음이 끌릴 만한 외모를 가지고 있었습니다.

아니나 다를까, 두희 씨는 결혼 전에 인기가 아주 많았답니다. 그녀를 만난 남자들은 대부분 사귀고 싶어 할 만큼 직장에서나 모임에서나 어딜 가든 사람들의 시선을 사로잡았죠. 성격도 털털하고 좋아 충분히 그럴 것 같았어요. 그런데 결혼하고 아이를 낳자 더 이상 자유롭게 외출하지도 친구들을 만나지도 못하게 되었습니다. 그녀는 언제부턴가 시도 때도 없이 속상하고 안타까운 감정이 밀려드는 걸 느낀다고 털어놓았습니다.

'내가 너무 일찍 결혼한 건 아닐까?'

'좀 더 신혼을 즐기고 아이를 낳을 걸 그랬나.'

'직장은 그만두지 말았어야 했어.'

이런저런 생각들을 하다 보면 점점 더 안타까워지면서 마음이 어두워진다고 말이죠.

당신이 놓친 것들이 그립나요?

누구에게나 과거는 화려합니다. 힘들거나 고통스러운 기억들도 섞여 있지만, 대개 자신의 젊은 날에 대한 기억들은 조금씩 과장되어 아름답게 포장되는 경우가 많아요. 이런 현상을 '무드셀라 증후군Methuselah Syndrome'이라고 합니다. 기분 나쁜 기억은 빨리 지워 버리고, 아름답고 좋은 기억만

남겨 두려는 것이지요. 무드셀라에서 '셀라'는 구약성서에 나오는 인물이에요. 969세까지 살았던 최장수 인물입니다. 나이가 들수록 자꾸 과거를 돌아보고 과거로 돌아가고 싶어 하는 성향을 이에 빗댄 용어입니다.

세상에서 우리를 힘들게 만드는 것 중 하나가 무엇인 줄 아나요? 바로 '내가 그때 다른 결정을 내렸더라면……' '그때 그랬더라면……' 하는 생각입니다. 타임머신을 타고 과거로 돌아가서 다른 선택을 하는 건 애초부터 불가능하니까요. 실현 가능성이 없는 일을 두고 반복해서 생각하다 보면 안타까움의 감정이 점점 더 강해집니다.

특히나 '만약……'이라는 시나리오를 머릿속에 떠올리는 건 위험한 일입니다. 왜냐하면 그 시나리오는 항상 최상의 것들로만 채워지기 때문이죠. 상상 속의 나는 언제 어디서나 환영받는 인물입니다. 현실과는 달리 모든 일들이 원활하게 풀리지요. 맵시 나는 멋진 옷을 입고 언제나 사람들의 사랑과 관심을 받습니다. 마음만 먹으면 언제든 가고 싶은 곳에 자유롭게 갈 수도 있고요. 하루하루 힘든 현실과는 딴판으로 온통 장밋빛으로 채워져 있어요.

그런 상상을 하다가 현실로 돌아오면 내 자신이 한심하기 그지없습니다. 아이를 낳은 지가 언젠데 뱃살을 손으로 잡으면 한 움큼입니다. 예전에 입었던 옷들을 보고 있자니, 이렇게 작은 옷을 어떻게 입고 다녔나 싶어요. 용기 내어 바지를 입어 보지만 허벅지 위로 더 이상 끌어올려지지가 않아요. 아이 때문에 자주 만나지 못하다 보니 친구들과도 소원해졌습니다. 미혼이거나 아직 아이가 없는 친구들은 자기들끼리 연락을 하고 만나는 듯한데, 그때마다 소외감과 서운한 감정에 휩싸입니다.

결혼하기 전 같이 직장을 다니던 회사 동료가 얼마 전 SNS에 올린 글을 보니, 이번에 과장으로 승진한 모양입니다. 나보다 일하는 속도도 느리고 행동도 어눌했던 동기인데 과장 승진이라니, 갑자기 화가 납니다. 심한 입덧 때문에 직장을 그만두지만 않았어도 그 자리는 당연히 내 것이었을 텐데 말이죠. 갖지 못한 것들이 자꾸 떠올라 사는 게 힘이 듭니다.

하지만 이제 상상은 그만두세요. 더 이상 상상 속에서 살지 마세요. 상상 속 이야기에서 빠져나오세요. 당신이 생각하는 '또 다른 선택의 상황'이 일어날 확률은 전혀 없으니까요.

'만약에 그랬더라면……'이라는 생각은 항상 후회를 달고 다닙니다. 그리고 후회의 감정은 현재 내가 가진 소중한 것들을 제대로 바라볼 수 없도록 내 눈과 귀를 가리죠. 가질 수 없는 것, 이룰 수 없는 것을 원하는 것만큼 힘든 일도 없습니다.

아이와 함께하는 지금 이 순간이 얼마나 이어질 것 같은가요? 밀착 육아의 시간은 우리의 생각과는 달리 잠깐이에요. 지금은 내가 없으면 안 될 것 같아 보이는 아이지만, 어느 순간 "엄마, 저리 가!" "엄마, 방에 노크 좀 하고 들어올래?!" 하며 자기만의 영역을 만들어 나갈 거예요. 까마득히 먼 일처럼 느껴지겠지만, 그 시기는 정말 순식간에 찾아옵니다. 당신은 아직 젊어요. 지금부터 할 수 있는 일들이 얼마든지 많죠. 과거 속 절대 가질 수 없는 다른 삶들을 그리워하며 안타까워하기보다 손에 잡을 수 있는 현실 속 내 삶을 만들어 보세요.

아이가 자라 더 이상 당신의 손을 꼭 필요로 하지 않게 되면, 당신이 하고 싶은 것을 마음껏 할 수 있습니다. 친구들과 근사한 레스토랑에 가서 맛있는 음식을 맛보거나, 백화점에 쇼핑을 하러 다니거나, 평소 관심 있었던 운동이나 그림, 꽃꽂이 수업을 받는 등 나 자신을 계발하는 데 시간을 쓸 수도 있고요. 아이에게 엄마가 전적으로 필요한 이 시기만 넘기면 돼요. 물론 아이가 자란다고 엄마 역할이 없어지는 건 아니지만, 그 비중은 아이의 연령대에 따라 바뀌는 거니까요. 아이에게 당신의 시간과 체력의 대부분을 쏟아 넣어야 할 시기는 생각보다 길지 않습니다.

대체 난 뭘까요?
유모? 가사도우미?

낮은 자존감

정신없이 하루를 보내고 늦은 저녁이 되어서야 잠자리에 누워요. 그러면 문득 '나는 대체 누구지?' 하는 생각이 들어요. 아이를 키우고 집안일을 하는 게 중요하지 않다는 뜻이 아니에요. 하지만 하루 종일 종종걸음으로 집에서 일하다 보면, 내가 도대체 누구인지 회의가 들 때가 있어요.

대부분의 시간을 아이와 실랑이하며 지내다 보면, 엄마들은 자신의 정체성을 잃어버리기 쉽습니다. 물론 결혼한 여자라면 누구나 일상적으로

엄마마음, 아프지 않게

음식을 하고, 집 안을 치우고, 빨래 등을 하지요. 하지만 엄마마다 상황은 조금씩 다릅니다. 운동을 하러 나가거나 산책을 하거나 근처 커피숍에서 커피 한잔 마시는 여유를 가진 엄마들도 없는 건 아니에요. 친구로부터 전화가 오면 오랜 시간 이야기꽃을 피우기도 하고요.

직장맘의 경우, 회사에 있는 시간만큼은 아이에게서 벗어나 자신만의 시간을 가질 수 있죠. 아침이면 출근 준비를 하며 아이도 먹이고 챙기느라 정신없지만, 회사에 출근해서 사무실의 내 자리에 앉는 순간 "후유~" 하며 정신을 차릴 수 있습니다. 커피 한잔 타서 마실 여유, 인터넷에 들어가서 기사를 검색할 여유만으로도 숨통이 트이지요.

그런데 엄마가 전업주부인 경우 그리고 아이가 어리거나 아직 어린이집을 가지 않는 경우에는 상황이 다릅니다. 화장실 갈 시간조차 허락되지 않을 만큼 자신만의 시간을 갖기란 하늘의 별 따기입니다. 하루 종일 바쁘게 움직이지만, 내가 좋아하는 일들과는 거리가 멀지요. 원하든 원하지 않든 의무적으로 해야 하는 일들이니까요.

어찌 보면 내 자신이 유모 같다는 생각이 들기도 합니다. 조선시대에 사대부집 여인이 출산하면 대신 아이에게 젖을 물리고 기르던 유모 말이죠. 물론 이 아이는 내가 낳은 내 아이이긴 하지만요. 그런데도 하루 종일 아이와 붙어 있다 보니 아이가 귀여울 때보다는 솔직히 짜증날 때가 더 많습니다. 예쁜 짓도 잠시, 떼를 쓰며 난리를 피우는 아이를 대할 때면 원수가 따로 없어요.

또 어떤 날은 내 자신이 가사도우미가 된 것 같은 기분에 휩싸일 때도 있습니다. 물론 나는 내 살림을 챙기는 것이지만, 하는 일은 도우미와 비

숫해요. 아침에 일어나 아침밥상을 차리고 설거지하고 나면 다시 점심 준비를 합니다. 아이한테 뭔가를 해서 먹이고 나는 대충 국수로 점심을 때운 뒤 점심 설거지를 하죠. 먼지는 도대체 어디서 그렇게 들어오는지 닦아도 끝이 없습니다. 여기저기 다니며 아무거나 주워 먹는 아이 탓에 한시도 방심할 수 없습니다. 하루 만에 빨래통 가득 차는 아기 옷과 신랑 옷들을 세탁하고 옷걸이에 걸면, 어느새 저녁 시간입니다. 신랑이 먹고 싶다는 두부 넣은 된장찌개를 끓여 놓습니다. 저녁 설거지만이라도 도와주면 좋으련만. 피곤에 찌든 채로 잠을 자러 침실에 가는데 발 디딜 곳이 없을 만큼 엉망인 거실이 눈에 들어옵니다. 결국 천근만근인 몸을 옮겨 널브러진 옷가지며 장난감들을 대충 한 켠으로 치우죠. 그런 다음 아이를 재우다 보면 내가 먼저 정신없이 깊은 잠에 빠져들고 말아요. 유모 혹은 가사도우미가 하는 일과 크게 다를 것 없어 보이는 일상입니다.

정연 씨는 하루하루가 지겹습니다. 가끔씩 집에서 창밖을 바라보면 파란 하늘이 눈부시게 보입니다. 하늘 위로 날아가는 새를 보니 불현듯 부러운 생각이 듭니다.

'나도 저렇게 훨훨 자유롭게 돌아다닐 수 있다면 얼마나 좋을까.'

감옥에 갇혀 있는 것도 아니고 언제든 문만 열면 밖으로 나갈 수 있지만, 현실은 녹록하지 않습니다. 도대체 언제쯤 이런 생활에서 벗어날 수 있을지 솔직히 절망스러울 때도 있습니다. 어느 순간 자신이 오로지 아이를 위해 존재하는 게 아닌가 하는 의문이 들기까지 하죠.

엄마라는 단어를 한마디로 정의하기는 힘듭니다.
엄마인 당신은 아이에게 생명을 준 사람이에요.
무엇보다 당신은 아이가 세상에 태어나서 온전하게 믿고
의지하게 된 첫 번째 사람이죠.
또한 아이가 성인이 되어서도 평생을 살면서 그리워할 존재입니다.
당신은 단순히 '엄마들 중 한 명'이 아니에요.

당신은 아이에게 평생 그리움의 대상입니다

당신은 스스로 누구라고 생각하나요? 아마 자연스럽게 자신의 이름, 그리고 난 후 '누구 엄마'라는 대답이 떠오를 거예요. 예, 맞아요. 당신은 엄마입니다.

그렇다면 엄마는 어떤 존재인가요? 이 책을 읽고 있는 우리는 모두 누군가의 엄마입니다. 하지만 엄마 역할에 대한 생각들은 각기 다릅니다. 누군가는 낳아만 줘도 엄마라고 생각해요. 또 누군가는 자식을 위해 자신을 희생할 줄 알아야만 엄마 자격이 있다고 생각하고요. 사랑과 살아갈 힘을 주는 존재가 엄마라고 보는 분들도 있고, 아이가 좀 더 많은 경험을 할 수 있도록 배움의 기회를 제공하며 이끌어 주는 사람이 엄마라고 생각하는 분들도 있어요.

이처럼 사람마다 엄마에 대한 정의는 조금씩 다릅니다. 각자 나름대로 살아온 방식과 경험치가 다르니까요. 그런데 엄밀히 따져 보면 이런 생각들은 엄마의 존재에 대한 의미라기보다는 엄마가 해야 할 역할에 가깝습니다.

엄마라는 단어를 한마디로 정의하기는 힘듭니다. 하나의 단어로 엄마가 가진 모든 의미를 담기는 부족하죠. 엄마인 당신은 아이에게 생명을 준 사람이에요. 무엇보다 당신은 아이가 세상에 태어나서 온전하게 믿고 의지하게 된 첫 번째 사람이죠. 아이가 힘들 때마다 가장 먼저 생각나는 사람이기도 하고요. 당신은, 아이가 아무리 큰 잘못을 저질러도 자신을 용서해 줄 거라고 확신하는 존재입니다. 또한 아이가 성인이 되어서도 평생을 살면서 그리워할 존재죠. 이것이 엄마라는 단어가 담고 있는 진정한 의미예요.

당신은 그냥 수없이 많고 많은 '엄마들 중 한 명'이 아니에요. 당신은 그저 아이를 먹이고 입히고 설거지와 빨래를 하는 사람이 아니에요. 당신의 마음을, 당신의 사랑을 아이에게 주고 있는 거예요. 그러니 엄마로서 당신의 의미, 당신이 하고 있는 일들을 평가절하하지 마세요. 당신은 스스로 생각하는 것 훨씬 이상으로 아이에게 소중하고 중요한 사람입니다. 그러니 지금 하고 있는 일들이 소소하게 여겨지고 반복적일지라도 당신의 의미를 단순화하거나 축소시키지 마세요.

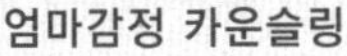

"사랑하는 사람들에게
당신의 의미를 적어 보세요"

익숙하고 반복적인 일을 하는 사람들은 종종 '난 보잘 것 없는 사람'이라거나 '난 중요하지 않은 사람'이라는 생각을 갖게 됩니다. 이는 앞에서도 설명했듯이, 자신이 하고 있는 일의 의미를 과소평가하기 때문에 빠지게 되는 심리적 덫입니다.

제 아이가 다니는 학원에는 유난히 아이들이 따르는 선생님이 있어요. 한번은 조금 일찍 학원에 도착해서 아이를 기다리고 있는데, 우연히 그 선생님과 이런저런 이야기를 나눌 기회가 생겼습니다. 아이들을 가르치는 게 힘들지 않냐고 묻자, 그 선생님은 이렇게 대답했어요.

"아이들이 음악에 관심을 갖게 되는 것이 정말 기뻐요. 지금은 바이엘을 치고 있지만, 누가 알아요? 나중에 커서 유명한 피아니스트가 될지요. 아이들에게 음악을 통해 새로운 세계를 열어 주고 있는 것 같아서 매일매일이 뿌듯해요."

저는 선생님의 대답에 깊은 감명을 받았습니다. 어쩌면 선생님은 아이들에게 '도, 레 미, 파, 솔'을 가르치면서 이렇게 생각하였을 수도 있어요. '내가 음대까지 졸업해서 지금 뭐 하고 있는 거지? 이런 코흘리개들에게 피아노나 가르치고 있다니. 스스로가 한심하다.' 하고 말이지요. 그러나 선생님은 자신이 하고 있는 일에만 한정해서 직업의 의미를 해석하는 것이 아니라, 그 일이 상대방에게 줄 수 있는 가치와 역할에 더 초점을 두었습니다.

처음부터 누구나 이렇게 생각할 수 있는 건 아니지요. 그렇게 생각할 수 있는 나름대로의 생각 전환이 필요합니다. 그래서 이제부터 사랑하는 사람들에게 당신이 어떤 존재인지를 생각해 보는 시간을 가지려고 해요. 이를 모두 작성한 후 당신이 자주 볼 수 있는 곳에 붙여 주세요. 휴대폰으로 찍어서 힘이 들 때마다 보는 것도 힘이 됩니다. 조금씩 스스로의 가치가 높아지는 것을 느낄 수 있을 거예요.

예시) 나는 내 아이에게 울타리 와 같은 존재다.
     왜냐하면 세상의 온갖 풍파로부터 아이를 안전하게 지켜 주기 때문이다.

- 나는 우리 부모님에게 ＿＿＿＿＿＿＿＿＿＿＿＿＿와 같은 존재다.

  왜냐하면 ＿＿＿＿＿＿＿＿＿＿＿＿＿＿＿＿＿＿＿

- 나는 내 아이에게 ＿＿＿＿＿＿＿＿＿＿＿＿＿＿와 같은 존재다.

  왜냐하면 ＿＿＿＿＿＿＿＿＿＿＿＿＿＿＿＿＿＿＿

- 나는 남편에게 ＿＿＿＿＿＿＿＿＿＿＿＿＿＿＿와 같은 존재다.

  왜냐하면 ＿＿＿＿＿＿＿＿＿＿＿＿＿＿＿＿＿＿＿

- 나는＿＿＿＿＿에게 ＿＿＿＿＿＿＿＿＿＿＿＿와 같은 존재다.

  왜냐하면 ＿＿＿＿＿＿＿＿＿＿＿＿＿＿＿＿＿＿＿

- 나는＿＿＿＿＿에게 ＿＿＿＿＿＿＿＿＿＿＿＿와 같은 존재다.

  왜냐하면 ＿＿＿＿＿＿＿＿＿＿＿＿＿＿＿＿＿＿＿

- 나는＿＿＿＿＿에게 ＿＿＿＿＿＿＿＿＿＿＿＿와 같은 존재다.

  왜냐하면 ＿＿＿＿＿＿＿＿＿＿＿＿＿＿＿＿＿＿＿

- 나는＿＿＿＿＿에게 ＿＿＿＿＿＿＿＿＿＿＿＿와 같은 존재다.

  왜냐하면 ＿＿＿＿＿＿＿＿＿＿＿＿＿＿＿＿＿＿＿

- 나는＿＿＿＿＿에게 ＿＿＿＿＿＿＿＿＿＿＿＿와 같은 존재다.

  왜냐하면 ＿＿＿＿＿＿＿＿＿＿＿＿＿＿＿＿＿＿＿

내가 왜 애한테
짜증을 냈을까……

후회

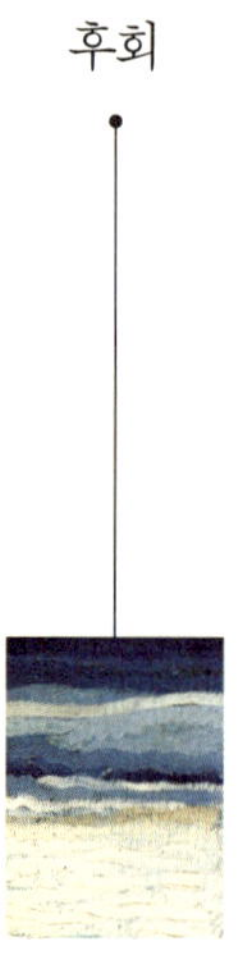

주말 내내 누워서 텔레비전만 보는 남편을 바라보다가 갑자기 감정이 폭발해 버렸어요. 아이랑 놀아도 주고 집 청소도 해주면 좋잖아요. 회사에 다니느라 피곤한 건 알겠지만, 누군 편하게 놀고먹나요? 대놓고 남편한테 화를 내지는 못하고 옆에 있는 아이에게 있는 대로 짜증을 내고 말았어요. 아이가 음식이 든 그릇을 들고 가다가 손이 미끄러지면서 음식을 거실에 쏟았는데, 저도 모르게 소리를 지른 거예요. 순간 아이가 놀랐는지 울음을 터뜨리더라고요. 아이니까 당연히 그럴 수도 있는 건데, 제가 왜 아이에게 짜증을 냈는지……. 제 자신이 싫어져요.

살다 보면 이런저런 후회들을 하게 됩니다. 아까 그 물건을 샀어야 했다거나 또는 사지 말았어야 했다는 후회, 그런 말을 하지 말 걸 그랬다는 후회, 그 장소에 갔어야만 했다는 후회 등 매우 다양하죠. 하지만 이 많고 많은 후회들 가운데 가장 가슴을 저미게 만드는 후회가 있습니다. 바로 내 아이에게 상처를 주지 말았어야 했다는 후회예요. 내 성질에 못 이겨 아이에게 짜증을 내놓고는 이내 가슴을 치며 아파합니다.

민영 씨는 동갑내기 남편과 결혼한 30대 여성이었습니다. 대학교 동아리 모임에서 만나 4년 동안 연애하고 결혼한 캠퍼스 커플이었어요. 부부의 나이가 같다 보니 친구처럼 알콩달콩 재미있는 부분도 있지만, 서로 알게 모르게 경쟁의식도 가지고 있었습니다. 민영 씨는 딸아이를 임신하면서 다니던 직장을 그만두고 전업주부가 되었고, 남편은 자동차 부품 회사에 대리로 근무하고 있었습니다. 본사가 지방에 있다 보니 주말에만 남편이 민영 씨와 아이가 있는 서울로 올라오는 주말 부부였습니다.

주중 내내 회사일에 시달린 민영 씨의 남편은 집에 오면 대부분 거실 소파 위에 드러누워 있었습니다. 민영 씨가 그걸 이해하지 못하는 건 아니였죠. 얼마나 피곤하면 저럴까 싶기도 했고요. 하지만 아이가 놀아 달라고 해도 누워서 텔레비전 리모컨만 만지작거리는 남편이 솔직히 밉살맞아 보였습니다. 주중에 남편 없이 아이 키우며 살림하는 민영 씨 생각은 눈곱만큼도 안 해주는 것 같아서 많이 섭섭하기도 했고요. 그러다가 그만 민영 씨의 감정이 폭발해 버리는 사건이 일어났습니다.

그날도 여느 주말과 비슷한 상황이었어요. 주말에도 종종거리며 집 안을 바쁘게 오가는 민영 씨, 스포츠 방송을 크게 틀어 놓고 보고 있는 남편

그리고 민영 씨 뒤를 졸졸 따라다니며 심심하다고 노래 부르는 아이.

발단은 남편의 물심부름이었습니다. 남편은 텔레비전 화면에 시선을 고정시킨 채 "여보, 나 물 한잔만!" 하고 민영 씨에게 말했습니다. 그 순간 젖은 빨래를 두 손 가득 들고 있던 민영 씨는 남편에게 달려가 텔레비전 리모컨을 빼앗아 바닥에 내동댕이치고 싶은 충동을 느꼈죠. 하지만 주말이나 되어서야 겨우 얼굴을 보는 남편에게 차마 그렇게 할 수는 없었습니다. 그러는 와중 아이가 시리얼이 든 우유그릇을 들고 왔다 갔다 하다가 바닥에 엎지르고 만 거예요. 그 순간 민영 씨의 화가 폭발하고 말았습니다.

"지금 뭐 하는 거야! 엄마가 음식 들고 있을 때는 조심하라고 했지!"

민영 씨는 아이에게 소리를 냅다 지르고 난 뒤, 순간 자신의 목소리에 깜짝 놀랐습니다. 생각보다 너무 사납고 컸기 때문이죠. 깜짝 놀라 자신을 바라보는 아이의 눈에 눈물이 가득 고인 걸 바라본 순간, 민영 씨는 후회의 감정이 울컥 치밀어 올랐습니다.

'내가 지금 뭘 한 거지?! 남편 때문에 난 짜증을 왜 아이한테 낸 걸까…….'

민영 씨는 너무나도 미안해서 아이를 제대로 바라볼 수가 없었습니다.

누구를 향한 짜증인가요?

우리의 감정은 때로 감정을 유발한 대상이 아닌 엉뚱한 곳을 향하곤 합니다. 짜증이 나고 화가 나게 만든 대상은 따로 있는데, 막상 그 대상에게는 아무런 표현도 못하고 만만한 사람에게 감정을 쏟아내는 거죠.

그리고 제가 만나 본 많은 엄마들은 그 '만만한 사람'이 바로 아이였다고 말합니다. 나에게 편한 존재, 내게 종속적이면서 전적으로 나에게 기대는 존재, 화를 냈을지라도 미안하다고 이야기해 주면 언제든지 나를 용서하고 다가오는 존재, 바로 내 아이 말이죠.

엄마들은 아이에게 짜증을 내고 난 후에 대개 후회와 죄책감을 경험합니다. 순간적인 감정 때문에 아이에게 화풀이했지만, 사실은 아이 때문이 아니었다는 걸 본인도 알기 때문이에요. 더 큰 문제는 후회하고 자책할 걸 알면서도, 자꾸만 이런 행동을 반복한다는 거예요. 이때마다 스스로 엄마 자격이 있는지, 엄마로서 함량 미달은 아닌지 감정이 점점 끝도 없이 가라앉습니다.

가정 내에서의 모든 관계는 평등한 듯 보이지만 사실은 그렇지 않습니다. 가족들 간에도 보이지 않는 권력 구조가 있죠. 대표적으로 의식주를 모두 부모에게 의존해야만 하는 자녀들의 경우, 부모의 보호와 권력 아래에 있다고 볼 수 있습니다. 그리고 감정은 권력을 많이 가진 사람에게서 적게 가진 사람에게로 흘러가는 경향이 있고요. 특히 부정적인 감정들은 더 쉽게 흘러갑니다.

민영 씨는 남편의 행동에 부당함을 느꼈어요. 끊임없이 집안일을 하고 있는 민영 씨에게 자기 마실 물까지 갖다 달라고 하는 남편의 행동은 누가 봐도 잘못되었죠. 그러나 민영 씨는 남편에게 짜증을 내지 않고 아이에게 감정을 풀어내고 말았습니다.

실제로 아이는 그렇게 혼날 만큼 잘못하지 않았습니다. 아이의 잘못에

감정은 권력을 많이 가진 사람에게서
적게 가진 사람에게로 흘러가는 경향이 있어요.
특히 부정적인 감정들은 더 쉽게 흘러갑니다.

비해 돌아온 꾸중이 턱없이 컸던 거죠. 이렇게 지속적으로 아이가 감정의 화풀이 대상이 되다 보면, 아이 역시 자신보다 힘 없고 약한 대상을 찾게 될지도 모릅니다. 아이도 누군가에게 억울함과 화, 짜증 등의 감정들을 쏟아 내고 싶어지니까요. 자라면서 자신보다 약한 친구를 괴롭히거나 집에서 키우는 동물을 발로 차며 학대할 수도 있습니다. 그러니 더 이상 후회만 하지 말고 이 악순환을 끊을 수 있도록 노력해야 해요.

이를 위해 당신이 짜증이 났다면 그 감정을 유발한 대상과 해결할 수 있도록 노력해야 합니다. 만일 남편이나 시어머니처럼 당신보다 나이가 많거나 웃어른이라면 해결하기 어려울 수 있습니다. 그렇다고 어리고 연약한 내 아이에게 나쁜 감정의 찌꺼기를 받아내게 할 수는 없어요. 여리고 미성숙한 만큼 감정 상태도 다치고 깨지기 쉬우니까요.

물론 아이가 우유를 엎질렀을 때 주의를 줄 수는 있습니다. 그러나 그건 내 성질에 못 이겨 아이에게 폭발하는 것과는 전혀 다릅니다. "우유를 엎질렀구나! 다음부터 국물 있는 걸 먹을 땐 앉아서 먹자."라고 주의를 주는 것만으로도 충분합니다. 소리를 지르며 격분할 만한 사건이 아니니까요. 내 아이의 마음에 상처를 내고 싶지 않다면 화를 내게 만든 대상과 원인을 냉정하게 생각한 후 행동할 수 있어야 합니다. 물론 이건 말처럼 쉬운 일은 아닙니다. 감정의 화풀이는 마치 도미노 현상처럼 연속해서 빠른 시간 안에 이루어지는 특징이 있습니다. 그래서 누군가를 향한 원망과 짜증이 치밀어 오를 땐 사소한 일도 쉽게 발단이 되기도 하지요. 마치 시한폭탄에 불 붙은 성냥개비를 떨어뜨리는 것처럼요.

이럴 때 쓸 수 있는 화풀이 예방법 하나 알려 드릴게요. 그 방법은 바로

'동작 멈춤'입니다. 감정이 점점 차오르면서 '이러다가 내가 폭발할 것만 같다'는 신호를 스스로 느낄 때가 있지요. 짜증이 계속 차오르는 걸 느끼는 거예요. 이때 사소한 사건이라도 폭발 기폭제가 될 만한 일이 발생하면 의도적으로 잠깐 모든 행동을 멈추는 겁니다. 마치 우리 어릴 적에 곧잘 하면서 놀았던 '얼음, 땡!' 놀이와 유사해요. 하던 행동을 멈추고 그 자리에 잠깐 멈춰 있는 거예요. 별 효과가 없을 것처럼 생각될 수 있지만, 그 효과는 상상 외로 큽니다. 짜증의 연속성을 일시적으로 단절시키는 효과가 있기 때문이지요. 끝없이 치솟아 오르던 짜증의 속도와 강도를 한순간 끊어 놓는 겁니다.

잠시 아무 말도 하지 않고 어떤 행동도 하지 않은 채 그대로 있다 보면, 짜증의 강도가 순간적으로 수그러드는 걸 경험하게 될 거예요. 이를 통해 애꿎은 내 아이에게 화풀이하는 것을 막을 수 있지요.

"아이에게 더 이상 화내고
후회하지 않는 두 가지 방법"

나도 모르게 아이에게 화풀이를 하고 말았다면 어떻게 해야 하냐고 묻는 엄마들이 있습니다. 이미 엎질러진 물이고 아이에게는 이미 상처가 되었겠지만, 돌이킬 수 있는 방법은 없느냐고 묻는 엄마들의 표정은 후회로 가득합니다.

이미 낸 화를 주워 담을 수는 없지만, 수습할 수 있는 방법은 있습니다. 일단 첫 번째는 아이에게 가능한 한 빨리 사과하는 겁니다. 그냥 미안하다고 이야기하지 말고, 엄마가 짜증을 내게 된 이유까지 설명해 주세요.

"미안해, 엄마가 기분이 나빠서 그랬어."라고만 하면, 아이는 혹시 자기 때문에 기분이 나빴던 게 아닐까 하는 불안감을 계속 갖게 됩니다. 그러니 "미안해. 너 때문에 화가 난 게 아닌데 엄마가 너에게 화를 냈어. 몸이 힘든데 빨래까지 해야 해서 짜증이 났나 봐. 정말 미안해." 하고 자세히 설명해 주세요. 아마도 아이는 씽긋 웃으며 "알았어, 엄마"라고 답해 줄 겁니다.

그리고 두 번째 방법은 재발하지 않도록 스스로 노력하는 겁니다. 이를 도와주는 방법으로써 앞에서 알려 드렸던 것과 유사한 '10초 생각법'이 있습니다. 아주 간단해 보이지만 사실 많은 노력이 필요한 방법입니다.

화가 치밀어 오르는 걸 느낀다면, 잠깐 행동을 멈추세요. 그런 후 '내가 지금 아이 때문에 화가 난 게 맞나? 소리를 지르는 게 맞나?'란 질문을 스스로에게 던지세요. 아이 때문에 화가 난 게 아니라는 생각이 든다면, 화를 내지 않도록 감정을 추스르는 거죠.

화가 날 때 소리부터 지르는 것만이 능사가 아닙니다. 큰소리를 내면 서로 대화할 수 있는 분위기가 만들어질 수 없어요. 결코 좋은 감정 표현법이 아니지요. '10초 생각법'을 항상 가슴에 새기며 연습해 보세요. 감정을 표현하고 조절하는 건 습관입니다. 노력을 통해 얼마든지 내 아이에게 큰 상처가 되고 이후에 트라우마가 될 수 있는 화풀이를 막을 수 있습니다.

가끔씩
아이가 얄미워요

미움

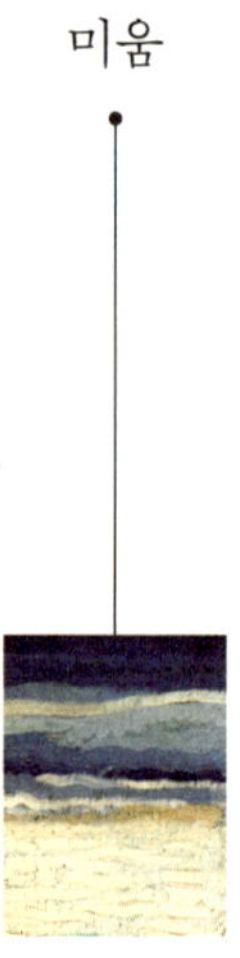

아이가 미울 때가 종종 있어요. 분명히 안 된다고 했는데도 떼를 쓰고 아빠한테 쪼르르 달려가서 기어이 자기 뜻대로 하는 걸 보면 내 아이지만 싫어요. 어린아이인데도 말을 참 잘해서 어떨 땐 얄밉다는 생각까지 들고요. 엄마인데 이런 생각을 하다니, 저 스스로도 어처구니가 없어요.

내 배 속에서 나온 게 분명하고, 내 핏줄임이 분명한데도 아이의 말투나 행동이 몹시 마음에 안 들 때가 있습니다. 자꾸만 눈에 거슬리죠. 물론 잘못된 행동이나 말을 했을 때는 당연히 부모로서 훈육해야 합니다. 이건 아이를 위해 마땅히 해야 할 부모의 의무죠. 그런데 아이를 보면서 '잘못된 점을 고쳐 줘야겠구나.'라는 생각이 드는 게 아니라, '아이가 얄밉다.'는 생각이 드는 건 좀 다른 문제예요.

어떤 부모들은 "어떻게 자기 자식을 얄미워할 수 있어요?"라고 묻기도 합니다. 그때마다 저는 "당연히 얄미워할 수 있습니다. 싫어할 수도 있고요."라고 답해 주죠. 부모 역시 감정을 가진 인간이므로 당연히 얄밉다거나 싫다는 감정을 느낄 수 있으니까요. 사람이 살아가면서 느끼고 싶은 감정의 종류를 쭉 나열해 놓고 그중에서 마음에 드는 감정만을 선별해서 느낄 수 있는 건 아니잖아요. 감정이란 본인의 생각이나 의지와는 상관없이 특정 상황에 놓이거나 특정 대상과 소통할 때 자신도 모르게 불쑥불쑥 튀어나오는 것입니다.

선진 씨를 처음 만난 건 모 대기업에서 이루어진 특강 시간이었습니다. 강의를 마치고 강단을 내려오자 선진 씨가 두 손을 모으고 저에게 다가왔습니다. 양손을 살짝 쥐어짜는 듯한 모양새를 하고 있어 어딘지 모르게 불안해 보였습니다.

"강의와 관련해서 궁금한 게 있으세요?"

제가 웃으며 말을 건네자 선진 씨는 경직된 표정으로 첫마디를 건넸습니다.

"교수님, 아이가 얄미워요. 어떨 땐 너무 얄미워서 쥐어박고 싶기도 하고요. 얼마나 얄미운지 제 마음을 다스릴 수 없을 때도 있어요."

이렇게 말하는 선진 씨의 표정에는 죄책감과 당황스러움이 엿보였습니다.

선진 씨는 다섯 살 딸아이를 둔 엄마였습니다. 그녀의 딸은 엄마를 닮아 커다란 눈망울에 깜찍한 외모였지요. 딸이 귀한 집안이라 가족들의 귀여움을 한 몸에 받았습니다. 아이는 말을 일찍 터득했고, 저런 말은 어디에서 배웠나 싶을 정도로 말을 잘했습니다. 선진 씨는 그런 딸이 기특하기도 하고 신기하기도 했죠. 그런데 언제부터인가 아이의 말과 행동이 눈에 거슬리기 시작했습니다. 아이답지 않은 말투와 자신이 원하는 건 어떻게 해서든 갖고야 마는 행동, 상대방에 따라 말과 행동을 바꾸는 모습 등이 자꾸 선진 씨의 눈에 띄었습니다.

그러던 어느 날 선진 씨는 아이를 마치 다 큰 성인처럼 생각하며 대하고 있는 자기 자신을 발견했습니다. 아이가 하는 말을 비웃거나 일부러 다른 사람들 앞에서 창피함을 주고 있었던 거죠.

"너, 그걸 말이라고 해?"

"너, 되게 웃긴다. 아까는 그렇게 말 안 했잖아! 왜 아빠한테는 다르게 말하니?"

마치 친구와 말싸움을 하는 것처럼 아이와 싸우는 듯한 상황이 반복되었습니다.

아이의 행동을 오해하고 있는 건 아닐까요?

선진 씨는 저와 이야기하는 도중에 이렇게 되묻기도 했습니다.

"다섯 살은 이제 더 이상 아기가 아니죠?"

그 질문을 듣고 저는 살짝 웃음이 나왔습니다. 다섯 살이라면 당연히 아기입니다. 사실 중·고등학생이나 대학생들도 가만히 보면 아기 같을 때가 많아요. 학교에서 강의를 하는 까닭에 평소 많은 대학생들과 접하고 있는데요. 그들은 스스로 성인이라고 생각하며 모여서 정치와 경제를 논하고 나름대로의 독립적인 삶을 살아갑니다. 그러나 그런 대학생들조차도 제 눈에는 여전히 아기처럼 보일 때가 많습니다. 마음이 단단히 여물지 못해서 이리저리 흔들리고, 힘들 때면 누군가에게 기대고 싶어 하고 의지하려 합니다. 물론 우리 모두는 나이에 상관없이 절대적인 힘과 포용력을 가진 누군가에게 의존하고 싶어 하며 미성숙한 채 평생 살아가는 것인지도 모르겠습니다.

그런데 하물며 다섯 살, 태어난 지 이제 겨우 4~5년 남짓 된 아이가 성숙하면 얼마나 성숙하며, 영악하면 얼마나 영악하겠어요. 그저 말을 좀 잘하는, 어휘 구사력이 좋은 아기일 뿐이지요. 아이가 어른스럽고 말을 잘할수록 어른들은 착각을 합니다. 겉으로 보이는 행동이나 말처럼 속도 여물었을 거라고 말이죠. 다 알고 저렇게 하는 것일 거라고 추측합니다.

그래서 얄밉다는 감정이 생기는 거죠. 그러나 아이는 그냥 아이일 뿐입니다. 일부 능력이 아무리 뛰어나도, 본질은 여리고 미숙하기 짝이 없는 아이일 뿐이에요. 부모에게 사랑과 귀여움을 받고 싶어 하고, 혼이 나면 불안해하고 엄마에게 의지하고 싶어 하는, 이 세상에 나온 지 얼마 안 된 진짜 어린아이요.

아이가 어른스럽고 말을 잘할수록 어른들은 착각을 합니다.
겉으로 보이는 행동이나 말처럼 속도 여물었을 거라고 말이죠.
다 알고 저렇게 말하는 것일 거라고 추측합니다.
그러나 아이는 그냥 아이일 뿐입니다.
부모에게 사랑과 귀여움을 받고 싶어 하고,
혼이 나면 불안해하고 엄마에게 의지하고 싶어 하는,
이 세상에 나온 지 얼마 안 된 진짜 어린아이요.

얄밉다는 감정의 정의를 보면, 말이나 행동이 약빠르고 밉다는 걸 의미합니다. 감정의 강도로 봤을 때 그리 강한 감정은 아니에요. 따라서 그 감정에 너무 죄책감을 느끼며 내가 왜 이러나 자책할 필요는 없습니다. 다만 아이를 엄마 본인과 동등한 존재로 생각하지는 마세요. 아이는 성인이 아닙니다. 그냥 주위에서 본 대로, 들은 대로 행동하고 말을 따라하는 것뿐이에요. 아이는 진짜 의미나 숨은 뜻 같은 건 잘 모릅니다. 아이가 아무리 영악하게 행동하는 것처럼 보일지라도 미숙한 아기라는 점을 잊으면 안 됩니다.

아이가 커서 유치원이나 초등학교에 들어가는 시기가 되면, 엄마가 느끼는 얄미운 감정이 좀 더 심해져 미움의 강도가 거세질 때가 있어요. 이 시기의 아이는 해서 안 되는 행동과 해도 되는 행동을 대부분 구분할 수 있게 되는데요. 그럼에도 엄마의 약을 올리듯 제멋대로 행동하기도 하지요. 그런 아이를 볼 때면 "정말 내 자식이지만 밉다!"는 말이 절로 나옵니다. 그런 행동을 하지 말라고 해도 '쇠귀에 경 읽기'인 아이를 보면 나오는 건 한숨뿐입니다.

서로 이해가 안 되고 미움의 감정이 생기는 건, 엄마와 아이의 성향이 각기 다를 경우 더욱 심해집니다. 이런 경우 필요하다면 간단한 성격테스트를 통해 엄마와 아이 서로의 성격을 파악해 보는 것도 좋습니다. 그런 후 이야기를 나눠 보면 훨씬 도움이 되지요. 굳이 상담 센터를 찾아가지 않아도, 간단한 성격테스트 정도는 많은 책에서 다루고 있는 만큼 서점에 가면 금방 찾을 수 있습니다.

아이가 근본적으로 잘못해서가 아니라, 나의 성격과 살아온 경험들로 아이의 행동을 왜곡해서 생각하거나 이해하지 못하는 것일 수 있음을 항상 기억해 주세요.

4장

가족들의 말에
상처 입어요

"흘려버려라. 한 귀로 듣고 다른 귀로 흘려버리지 않으면
살 수 없다."

니콜로 마키아벨리(이탈리아 철학자)

아이가 태어나면 주변 가족들이 다 내 편이 되어 주고 나를 도와줄 줄 알았습니다. 그런데 예상과는 전혀 다른 상황이 발생합니다. 친정엄마를 비롯하여 언니나 사촌 등은 아이를 낳은 같은 여자 입장에서 그리고 가장 가까운 가족으로서 나를 이해해 줄 줄 알았는데, 그게 아니었죠. 자신들과 비교하면서 사사건건 간섭하고 잔소리를 합니다.

남편은 또 어떻고요. 육아를 함께 짊어져야 할 배우자이지만, 힘든 상황이 닥치면 은근히 뒤로 빠집니다. 남편은 아이가 태어나기 전처럼 여전히 살아가고 싶어 하고, 실제로도 그렇게 사는 것처럼 보입니다. 다들 도와주지 않을 거면 차라리 간섭이나 말지 자꾸 간섭을 하며 상처를 줍니다. "이런 걸 왜 못하니? 저런 부분은 더 신경 써라." 하면서 더욱 힘들게 하죠.

물론 나와 아이를 위해서 하는 말들이라는 건 압니다. 하지만 견디기 힘들 때가 많아요. 과연 가족과 주변 사람들의 요구에 맞춰서 아이를 키우며 살아가야 할까요? 그냥 내 방식대로 살면 안 될까요? 못하면 못하는 대로, 괜찮은 건 괜찮은 것대로 그렇게 하면 안 되는 걸까요? 내 삶이고, 내 아이인데 말이에요.

지금부터는 당신이 엄마가 된 이후로 자주 듣게 되는 이야기를 하나씩 살펴볼 거예요. 우선 가장 먼저 이야기하고 싶은 건 가족과 주변 사람들의 말을 너무 민감하게 받아들이면 오히려 중심을 잃을 수가 있다는 겁니다. 사람들의 말에 신경을 쓰다 보면 내 마음이 뾰족해지고 일상의 삶은 더 피곤해지죠. 무엇보다 당신 자신을 믿으세요. 더 이상 주변 사람들에게 휘둘리지 마세요.

엄마는 다 그런 거야. 참아

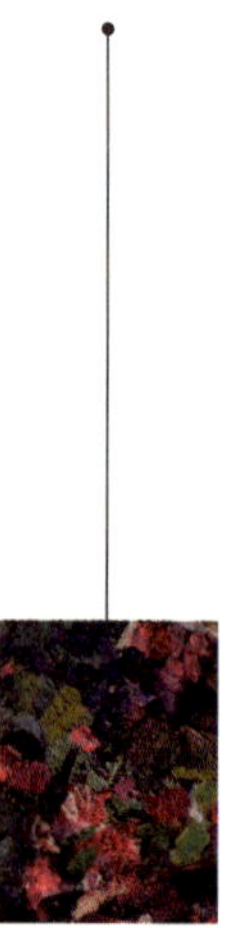

우리 주변에는 이미 엄마의 역할을 먼저 시작한 선배 엄마들이 있습니다. 시어머니나 친정엄마를 비롯해 친언니, 동네 지인, 회사 선배들이 있

죠. 그런데 아이를 임신해서 낳고 기르는 여정은 같지만, 그 상황은 제각각 다를 수밖에 없습니다. 사람마다 육아를 받아들이는 감정 상태도 다르고요.

감정과 관련해서 누군가가 힘들다고 이야기했을 때, 참으라고 하는 건 바람직한 반응은 아닙니다. 힘들다는 감정이 생기는 건 사람마다 나름대로 이유가 있거든요. 그러므로 무조건 참으라는 건 옳지 않습니다. 사실 우리 스스로도 엄마 역할이 힘들어도 참고 견뎌야 한다는 것 정도는 알고 있어요. 그렇다고 나와 친밀한 누군가에게 하소연하고 싶고 투정 부리고 싶은 마음까지 참아야 하는 걸까요?

영주 씨는 이제 막 24개월을 넘긴 아이를 둔 엄마였습니다. 제 눈에 영주 씨는 전형적인 '착한 사람'으로 보였어요. 힘들어도 잘 참고, 손해 봐도 내색을 거의 하지 않는 사람이요. 특히나 영주 씨는 자신이 느끼는 부정적인 감정들을 잘 표현하지 않는 것처럼 보였습니다. 그래서 가족들에게 순하고 착한 딸, 동생, 아내로 여겨졌지요.

그런데 그런 영주 씨에게 문제가 생기기 시작했습니다. 숨이 턱턱 막히는 것 같은 느낌이 들며 사소한 일에도 울분이 치솟아 오르고, 만사가 귀찮아졌지요.

그러던 어느 날 영주 씨의 감정이 공기가 찰 대로 찬 풍선처럼 폭발하는 사건이 벌어졌습니다. 한번 터져 나온 감정들은 통제가 되지 않았습니다. 잠깐 놀러 온 언니가 "얘, 너 인상 좀 펴라. 세상 짐을 다 짊어진 것처럼 얼굴을 구기고 있니? 너만 애 키워?"라고 하는 말 한마디에 영주 씨는 통제력을 잃고 말았던 거죠. "언니가 뭘 알아? 언니가 내 마음을 알아?" 영주 씨는 갑자기 벼락같이 소리를 지르며 자신의 머리를 쥐어뜯고 방바닥을 굴렀습니다. 너무나도 낯선 동생의 모습에 언니는 넋을 잃었지요.

영주 씨는 대체 왜 이런 행동을 했을까요? 평소엔 그토록 조용하고 인내심 많았던 사람이 말입니다.

감정은 참으면 사라질까요?

우리의 마음속에는 '감정의 물병'이 하나씩 들어 있습니다. 그 물병에는 우리가 살면서 느끼는 다양한 감정들이 채워졌다가 빠져나가곤 하죠. 그런데 밝고 긍정적인 감정은 물병 안에 들어왔다가도 가벼워서 금세 증발하여 날아갑니다. 물병 속에 고이는 일이 거의 없죠. 하지만 부정적인 감정은 어둡고 무거워서 물병 안에 계속 쌓이게 됩니다. 그래서 자신의 감정 상태를 제대로 인지하지 못하고 부정적인 감정을 빼내 주지 못하면, 금방 물병 속에 물이 가득 차게 되죠. 그러다 어느 날 갑자기 가득 차오른 물이 한꺼번에 밖으로 넘치면서 일종의 감정적 폭발을 하게 됩니다.

이를 막기 위해서는 평소 감정의 물병을 비워 내야 합니다. 감정의 물병 속 물을 빼내는 방법은 의외로 간단합니다. 스스로의 감정을 돌아보고 인정하는 것입니다. 유일한 방법이기도 하죠. 힘들 때 "아, 내가 지금 힘들구나."라고 자기 자신에게 말해 주는 것, 화가 날 때 "내가 지금 화가 났구나."라고 스스로의 감정을 읽어 주고 인정해 주는 것, 이것이 감정의 물통을 비워 주는 첫걸음입니다.

생각보다 쉬워 보인다고요? 그런데 이 쉬운 일들을 하고 있는 사람들은 별로 많지 않습니다. 왜냐하면 우리는 어릴 때부터 부정적인 감정은 나쁜 감정이라고 배워 왔기 때문이에요. 그래서 부정적인 감정이 들 때는 이런 감정들을 가능한 한 무시하면서, 마치 처음부터 그런 감정이 없었던 것처럼 행동합니다. 하지만 스스로 인정하지 않고 밖으로 표출하지 않도록 억누른다고 해서, 그 감정이 사라지는 건 아니에요. 참고 있는 그 순간에도 차곡차곡 감정의 물병 안에 쌓이고 있죠.

힘든 일이 있을 땐 "힘들다."고 적극적으로 말하는 게 좋아요. 그래야 주변 사람들의 도움을 받을 수가 있거든요. 마음이 어두워지고 우울할 땐 "우울하다."고 말해야 내 마음이 안전해집니다. 내 마음이 우울하다는 걸 주변에 알려야 가족들이 나의 우울한 마음을 염려하여 같이 밥도 먹고 말 벗도 해주니까요. 내 감정을 꽁꽁 싸매고 안으로만 삭히다 보면 마음에 문제가 생깁니다.

그런데 만약 내 감정을 주변에 말했더니 사람들이 오히려 나를 위로해 주기는커녕 "참을성이 없다, 나약하다, 그 정도 가지고 뭘 그러느냐."라고 한다면, 어떻게 해야 할까요? 주변 사람들에게 내 마음을 알려서 위로와 도움을 받는 것이 가장 좋겠지만, 그게 잘 안 될 경우 쓸 수 있는 좋은 방법이 있습니다. 스스로 적극적으로 그 감정을 해소하려고 노력하는 것이지요. 순간순간 감정이 북받쳐 오를 때, 감정을 푸는 효과적인 방법들을 눈에 잘 보이는 곳에 적어 두었다가 적용해 보세요. 종이에 적어서 냉장고에 붙여 놓아도 좋고, 설거지통 앞에 붙여 놓아도 좋아요.

그중에서도 치솟는 감정을 해소하는 가장 즉각적이고 효과적인 방법

우리는 평소 부정적인 감정들은 가능한 한 무시하면서,
마치 처음부터 그런 감정이 없었던 것처럼 행동합니다.
하지만 스스로 인정하지 않고 밖으로 표출하지 않도록
억누른다고 해서, 그 감정이 사라지는 건 아니에요.
참고 있는 그 순간에도 차곡차곡 감정의 물병 안에 쌓이고 있지요.

중 하나가 좋아하는 음식을 먹는 거예요. 자신이 좋아하는 걸 먹으면 힘든 감정이 어느 정도 수그러드는 걸 느낍니다. 저도 힘들 때면 평소 제가 좋아하는 음식을 먹습니다. 매콤한 음식을 좋아하는 편인데, 부쩍 마음이 힘들 때면 매운 낙지볶음을 소면과 같이 제공하는 단골집에 가거나 집에서 시원한 콩나물국에 청양고추를 듬뿍 넣어 끓여 먹습니다. 한 끼 정도는 가족들 입맛보다는 제 입맛에 맞춰서 밥상을 차립니다. 제가 에너지를 얻어야 다른 사람을 도와줄 의욕도 생기니까요.

미국 여성생활잡지 《위민스 헬스Women's Health》는 화가 날 때나 스트레스가 쌓일 때 먹으면 좋은 음식을 소개했습니다. 그중에는 우리에게 익숙한 카레도 있었는데요. 카레에 들어 있는 커큐민이 스트레스를 낮추고 뇌를 보호한다는 것이지요. 그 외에도 달달한 고구마는 긍정적인 감정을 일으키는 카로티노이드와 섬유질이 풍부하다고 합니다. 제가 좋아하는 매콤한 요리에 사용되는 고추에는 엔도르핀을 분비하는 캡사이신 성분이 있는 것으로 알려져 있지요.

스스로에게 작은 선물을 하는 것도 즉각적인 감정 개선 효과가 있습니다. 혹시 5년 전에 샀던 옷을 아직도 입고 있나요? 살림을 알뜰하게 하는 것도 중요하지만, 내 감정을 살뜰하게 챙기는 것도 그에 못지않게 중요합니다. 꼭 백화점에 가서 쇼핑을 해야 한다거나 비싼 물건을 사라는 건 아니에요. 너무 오랫동안 입어서 옷 가장자리가 해진 옷을 아까워서 억지로 입지는 말라는 거예요.

어떤 사람이 무엇을 소중하게 여기는지를 알려면 돈을 어디에 쓰는지를 보면 알 수 있습니다. 내가 나 자신을 위해 최소한의 비용도 쓰지 않고 있다면 그건 나를 소중히 여기지 않고 그냥 방치하고 있다는 방증이에요. 돈 때문에 마음에도 없는 좌판 위의 세일가 옷만 사지 말고, 내가 진짜 입고 싶은 스타일의 옷을 한 벌 고르세요. 그 정도는 당신 자신을 위해 투자해도 괜찮습니다.

오랜만에 쇼핑에 나섰다면 이왕 외출한 김에 떡볶이나 김밥처럼 분식으로 대충 때우지 말고, 제대로 된 식당에 가서 정식을 시켜 먹으세요. 돈가스 정식, 산나물 정식 모두 좋아요. 대부분의 엄마들은 "뭐 굳이 혼자 식당에 들어가서 정식을 시켜 먹나요?"라고 하지요. 혼자 밖에서 외식하는 것도 익숙하지 않고, 정식은 아무래도 비싸다는 인식 때문이죠. 하지만 가족들이랑 가지 않고 혼자 갔을 때도 당당하게 자신을 위해 제대로 된 음식을 시키세요.

아이가 잠들었거나 누군가 아이를 봐주고 있을 경우에는, 평소 당신이 좋아하는 영화를 시청해 보는 것도 좋습니다. 액션이든 추리든, 장르는 상관없어요. 신나게 몰입해서 보고 나면, 억눌렸던 가슴속 감정이 어느 정도 후련해지는 걸 느낄 수 있어요. 이는 '대상행동 효과^{Substitute behavior effect}' 때문인데요. 대상행동이란 일반적으로 대리만족이라고도 하지요. 내가 직접 그런 행동을 하거나 그 장소에 가 있을 수는 없지만, 영화 속 인물의 행동을 보면서 때로는 통쾌함을, 때로는 연민과 동질감을 느끼는 것만으로도 마음이 치유됩니다. 영화가 당신의 감정을 풀어 주는 응급조치가 될 수 있는 거죠.

감정은 참는다고 사라지지 않습니다. 내 감정을 풀어낼 수 있는 안전하고도 효과적인 방법들을 적극적으로 강구하여 활용하세요.

당신, 집에서 도대체
뭐 하는 거야?

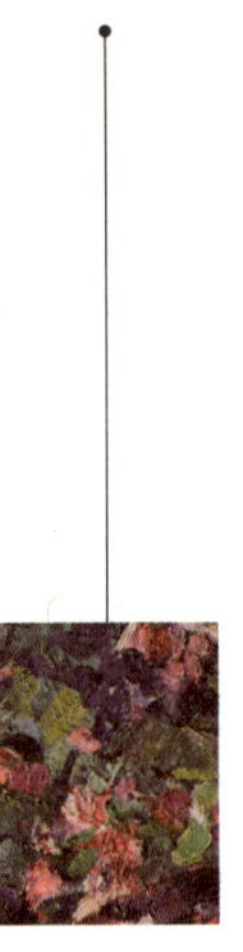

남편은 평소에 정리정돈을 잘하는 깔끔한 사람이에요. 퇴근해서 들어오면 선반 위 먼지가 있는지 슬쩍 손가락으로 훑어보기도 해요. 화장실에는 수건들이 가지런히 정리되어 있어야 직성이 풀릴 정도죠. 그런 남편 성격을 알기 때문에 저도 신혼 때는 정리정돈에 신경을 썼어요. 하지만 지금은 아이가 둘인데, 그게 가능한가요? 남편 올 때쯤 되면 나름대로 치워 보려고 하지만, 금세 아수라장이 됩니다. 퇴근한 남편은 현관에 들어서면서부터 한마디 해요.

"집안 꼴이 이게 뭐야? 당신은 대체 집에서 하루 종일 뭐 해?"

잡지책에는 멋지게 인테리어한 집들이 많이 나옵니다. 눈처럼 새하얀 벽지에 오크로 만든 6인용 식탁의자, 높은 천장에 어울리는 크림색 커튼, 장미 꽃잎이 떠 있는 낭만적인 욕조까지……. 정말이지 이런 집에서 사는 사람은 누구인지 얼굴을 확인하고 싶을 만큼 멋집니다. 과연 사람이 진짜 살고 있는 걸까 궁금해집니다. 나 역시 이런 집에 살면 동화 속에 나오는 백작부인처럼 우아한 삶을 살 수 있을 것만 같습니다.

그런데 잡지책에서 눈을 돌려 우리 집을 바라보면 한심하기 그지없습니다. 벽지마다 아이의 그림들이 크레용으로 덕지덕지 그려져 있어 지저분합니다. 또 가구들은 아이가 다치지 않도록 실리콘 보호대를 붙여 놓아 조잡해 보입니다. 신혼 초 심사숙고해서 고른 레이스커튼은 아이의 숨바꼭질 장소가 되어 버린 뒤, 아이 손에서 묻은 음식 찌꺼기며 온갖 것들로 얼룩덜룩해졌습니다. 욕조에는 아이가 목욕할 때마다 가지고 노는 러버덕과 장난감들로 가득 채워져 있습니다. 어딜 봐도 휴식과 힐링을 연상시키는 럭셔리 하우스의 모습과는 거리가 멀어요. 이게 우리의 현실입니다.

연지 씨는 아이보다 남편에게 받는 스트레스가 이만저만이 아니었습니다. 남자아이 둘을 키우다 보니 집 안을 정리하는 건 거의 불가능에 가까웠습니다. 그런데도 남편은 정리정돈이 안 되는 것에 대해 자꾸 연지 씨에게 싫은 소리를 했죠. 연지 씨도 처음에는 남편이 올 때쯤 되면 대충이라도 집 안을 치워 놨었어요. 하지만 그것도 하루 이틀이지 아이들과 정신없이 하루를 보내다 보면 미처 치우지 못하고 무방비 상태에서 남편을 맞이할 때가 많았습니다. 그럴 때마다 어김없이 남편은 짜증을 냈고요. 어느 순간 연지 씨는 자신의 상황을 너무 몰라주는 남편에게 화가 났습니다.

"당신이 내 입장이 돼 봐. 사내아이 둘 데리고 윤이 나게 집을 관리할
수가 있나!"

연지 씨도 남편의 불평에 맞받아쳤습니다. 하지만 이런 논쟁과 부딪힘
이 계속 반복되자, 더 이상 이에 대해 서로 대화를 꺼리게 되었죠. 대신 남
편은 엉망이 된 거실을 까치발을 들고 다니면서 연지 씨를 한심하다는 듯
한 눈으로 바라봤습니다. 남편의 그런 표정과 눈빛을 받을 때마다 연지
씨는 자존심이 상했습니다. '고생은 고생대로 하고 애들 키우느라 애쓴다
는 소리도 못 듣고! 도대체 저 사람은 나한테 왜 이러는 거지?' 연지 씨는
그저 황당할 뿐이었습니다.

경험해 봐야 알 수 있는 것도 있어요

대체 남편은 왜 그러는 걸까요? 왜 연지 씨의 입장을 이해하지 못하는
걸까요? 물론 깔끔하고 정확한 남편의 성격 탓이 큽니다. 하지만 성격 외
에 다른 요인도 생각해 볼 수 있어요.

남편은 직장인입니다. 하루 8시간 이상을 보내는 회사에서는 모든 것
이 업무에 적합하도록 설계되어 있지요. 모든 것이 룰에 의해 진행됩니
다. 책상 위에는 업무에 필요한 컴퓨터와 필기도구, 갖가지 서류철들이
효율적으로 일할 수 있도록 정리정돈되어 있습니다. 최적화된 공간에서
지내다 보면 그런 환경과 구조에 익숙해집니다. 필요한 물건만이, 자기
자리에 알맞게 배치되어 있는 공간에 익숙해지는 거죠.

그런데 우리가 사는 집의 환경은 전혀 달라요. 특히 아이들이 있는 집은 불필요해 보이는 물건들로 가득하지요. 방바닥에는 온갖 물건들이 널브러져 있고요. 대다수 직장인들은 마치 질서의 세계에서 무질서의 세계로 타임머신을 타고 이동한 것처럼, 집에 들어서는 순간 답답함을 느낍니다. 특히 아이들과 종일 부대끼는 엄마와 달리 아침저녁으로 스치듯 아이들의 얼굴을 보는 아빠들의 경우, 왜 집이 이토록 엉망인지를 이해하지 못해 그저 짜증밖에 나지 않습니다.

당신에게 동화책 한 권 소개해 드릴게요. 영국의 그림책 작가인 앤서니 브라운의 『돼지책』인데요, 제가 개인적으로 매우 좋아하는 작가분의 책입니다.

아주 중요한 회사에 다니는 피곳 씨와 아주 중요한 학교에 다니는 두 아들은 집에서 아무것도 하지 않습니다. 집안일은 모두 엄마의 몫이지요. 오로지 엄마에게 모든 걸 맡긴 채 시키기만 합니다. 지쳐 버린 엄마는 어느 날 남편과 아이들에게 "너희들은 돼지야."라는 말을 남기고 사라집니다. 집 안은 그야말로 돼지우리가 되어 갔고, 피곳 씨와 두 아들은 돼지처럼 살아가죠.

이 책의 표지에는 핵심 내용이 담겨 있어요. 엄마 혼자서 다수의 가족들을 돌보고 있는 부당한 상황이 잘 표현되어 있습니다. 남편과 아이들은 엄마의 등에 업혀 행복해합니다. 하지만 엄마의 표정은 마냥 좋아 보이지 않습니다.

이 책의 앞부분에는 "아주 중요한 회사와 아주 중요한 학교에 다니는" 남편과 아이들의 이야기가 나옵니다. 남편과 아이들은 아주 중요한 곳들

세상에는 자신이 직접 겪어 보기 전까지는
절대 이해할 수 없는 일들이 많아요.
그러니 남편을 이해시키려 하기보다
아이들을 남편에게 맡기고 집을 나와 보세요.

에 다니고 아주 중요한 일들을 하기 때문에, 덜 중요한 일을 하는 것처럼 보이는 엄마의 입장은 전혀 고려하지 않습니다. 그러나 '아주 중요한 곳'과 '아주 중요한 일'이라는 생각은 남편과 아이들의 이기적인 입장일 뿐이에요. 가족 모두를 보살피는 엄마의 일 역시 무엇보다 중요하고 의미 있는 일이니까요. 그러나 엄마의 일을 직접 해본 적이 없는 아이들과 남편은 엄마의 일에 대해 자세하게 생각을 못합니다.

남편에게 당신이 하고 있는 일이 얼마나 많은지에 대해 설명할 수 있습니다. 당신이 게으른 것도, 일부러 집을 치우지 않는 것도 아니라고 말해 줄 수도 있죠. 그러나 그러한 대화는 대부분 말싸움으로 끝날 확률이 높아요. 어쩌면 변명처럼 취급당할지도 모릅니다. 세상에는 자신이 직접 겪어 보기 전까지는 절대 이해할 수 없는 일들이 많거든요. 그러니 남편을 이해시키려 하기보다, 『돼지책』에 나온 피곳 부인처럼 아이들을 남편에게 맡기고 집을 나와 보세요. 피곳 부인이 없어지자, 집 안은 돼지우리처럼 지저분해집니다. 남편과 아이들은 어쩔 수 없이 밥을 하고, 빨래를 하고, 집안정리를 하지요.

하나도 힘들어 보이지 않았던 집안일들은, 사실 피곳 부인의 피땀 어린 노력으로 이루어졌다는 걸 남편과 아이들은 깨닫게 됩니다. 그리고 그 즈음 피곳 부인이 돌아오지요.

당신만의 시간을 가져 보세요. 친구들과 여행을 떠나 보는 것도 좋겠지만, 꼭 몇 날 며칠 동안 집을 나와 있어야 하는 건 아닙니다. 동네 찜질방에서 여유롭게 사우나를 하고 커피 한잔 즐길 수 있는 시간 정도면 충분해요. 물론 하루 종일 집을 비우는 것이 남편에게 깨달음을 주기에는 더욱 효과적일 수 있겠지요. 얼마의 시간이 적절할지는 당신이 정하세요.

세상에는 말로 설명이 가능한 일이 있고, 말보다는 직접 본인이 경험해 봐야 알 수 있는 일도 있습니다.

남편이 당신의 입장을 좀 더 이해할 수 있도록 기회를 주는 것은 매우 중요합니다. 남편의 깔끔한 성격을 하루아침에 바꿀 수는 없지요. 남편은 아내의 노고를 경험한 후에도 여전히 퇴근 때마다 지저분한 집 안을 둘러 보며 답답해할 수도 있어요. 그러나 적어도 집 안 상태가 왜 그런지에 대해서는 적어도 이해하게 될 거예요.

정 못마땅하면
네가 직접 애를 키워라

저는 직장맘이라 시어머니에게 아이를 부탁드리고 있어요. 그런데 시어머니가 음식 간이 센 편이라 아이 음식도 짠 편이에요. 간을 싱겁게 해달라고 하면 민감한 반응을 보이며 언짢아하세요. 며칠 전엔 "이래라저래라 할 거면 나한테 애 맡기지 마라."라는 이야기를 듣기도 하였어요. 아이를 돌봐 주는 것만으로도 시어머니에게 매우 감사하지만, 이런 부탁조차도 하면 안 되나요? 내 아이잖아요.

우리나라에서 여성들이 아이를 기르면서 회사에 다닐 수 있는 일반적인 방법이 두 가지 있습니다.

첫 번째는 남의 손에 아이를 맡기는 겁니다. 어린이집에 맡기거나 도우미 아주머니에게 부탁하는 거지요.

두 번째는 시어머니나 친정엄마 등 가족이나 친척에게 맡기는 방법입니다.

두 방법 모두 장단점이 분명하죠. 첫 번째 방법처럼 가족이 아닌 제3자에게 맡기는 경우, 비용과 심적 부담이 큽니다. 요즘 정부에서 육아와 관련하여 여러 지원을 해주고는 있지만, 그것만으로는 부족하죠. 알게 모르게 들어가는 비용이 상당하거든요. 심적 부담은 말할 것도 없습니다. 무엇보다 내 아이를 낯선 사람이나 시설을 믿고 맡겨야 한다는 것이 엄마들을 불안하게 합니다. 혹시 내가 모르는 사이에 아이가 구박받고 있는 게 아닐까 싶어 회사에서 일하면서도 전전긍긍하죠. 타인을 불신해서가 아니라, 믿지 못하는 세상이 되어 버렸기 때문이에요. 이런 이유들로 고민하다가 결국 시어머니나 친정엄마에게 아이를 부탁하는 직장맘들이 많습니다.

지연 씨는 대기업 통신서비스 회사에 다니는 8년차 직장인이었습니다. 아이를 낳으면서 1년 정도 육아휴직을 가진 후 바로 복귀했지요. 집 근처의 어린이집을 몇 군데 알아보다가, 그냥 가까이 사시는 시어머니에게 맡기기로 했습니다. 비록 큰 액수는 아니지만 아이 보느라 고생하시는 시어머니에게 용돈도 드리기로 했고요.

가족에게 맡기다 보니 마음은 편했습니다. 시어머니가 손주를 예뻐해

주셔서 더욱 마음이 놓였죠. 텔레비전에서 하루가 멀다 하고 어린이집에서 벌어진 아동 학대 뉴스가 나올 때면 맡길 가족이 있다는 것에 감사하고 안도했습니다. 그런데 생각지 못한 부분에서 마음고생이 시작되었습니다.

아이는 태어날 때부터 아토피 증세를 보여서 여간 신경이 쓰이는 게 아니었어요. 알레르기를 일으키는 특정 음식이나 밀가루가 든 음식을 먹으면 아토피는 더욱 심해졌죠. 그래서 지연 씨는 먹이면 안 되는 음식 목록을 냉장고 앞에 써서 붙여 놓고 시어머니에게 부탁을 드렸습니다.

"어머니, 이 음식들은 먹이시면 안 돼요."

시어머니는 대충 눈으로 훑어보더니 혀를 끌끌 차면서 이렇게 말했습니다.

"이걸 빼면 애한테 뭘 먹이라는 거냐."

"어머니도 아시잖아요, 애가 아토피라는 거. 한의원에서 조심하라고 한 음식 목록이니까 많이 번거로우시겠지만 부탁드릴게요."

지연 씨는 행여나 시어머니 마음이 상하실까 조심스럽게 부탁드렸습니다.

그러던 어느 날 지연 씨가 퇴근해서 돌아왔는데, 아이의 손에 무언가 쥐어져 있었습니다. 얼른 살펴보니, 평소 시어머니가 커피와 같이 즐겨 드시는 과자였죠. 아니나 다를까, 아침까지 괜찮던 아이의 턱 부분이 벌겋게 성이 나 있었습니다.

"어머니, 얘가 왜 이걸 먹고 있어요?"

자기도 모르게 지연 씨의 목소리가 날카롭게 흘러나왔습니다. 심상

찮은 분위기를 감지했는지 시어머니가 지연 씨의 눈치를 살피며 말했습니다.

"하도 보채며 밥도 잘 안 먹고 해서 하나 줘봤다."

"어머니, 어른이 먹는 과자를 아이한테 주시면 어떡해요. 그러잖아도 아토피 때문에 이번 주에 한의원에 가야 하는데, 벌써 군데군데 몸이 빨갛잖아요."

지연 씨의 말을 듣고 있던 시어머니가 발끈했습니다.

"애를 그렇게 유난스럽게 키워서 어쩔 건데? 네가 그렇게 유난을 떨며 이건 먹여라 저건 먹이지 마라 하니까, 애가 더 아픈 거야."

지연 씨는 순간 울컥하는 마음에 목소리를 높이고 말았습니다.

"아토피가 왜 제 탓이에요? 안 좋은 건 먹이지 않는 게 맞잖아요."

지연 씨의 말이 끝나자마자, 시어머니는 서둘러 본인 소지품을 챙긴 뒤 한마디를 남기고 휭하니 나가 버렸습니다.

"정 그렇게 마음에 안 들면, 네 새끼 네가 키워라."

때로는 나의 육아 원칙을 포기하는 지혜가 필요해요

직장에 다니는 엄마들은 압니다. 이런 상황이 얼마나 가슴이 아프고 속상한지를요. 당장이라도 회사를 그만두고 내 손으로 아이를 키우고 싶은 마음이 굴뚝같습니다. 하지만 현실적으로 그렇게 하기란 결코 쉽지 않습니다. 이런 일이 있을 때마다 엄마들은 머릿속으로 회사를 그만두는 상상을 열두 번도 더 반복하며 밤을 지새웁니다. 그렇게 뜬눈으로 맞이한 아침, 출근 준비를 서두르며 결국은 시어머니에게 전화를 드려 어제의 일을 사과하고 얼른 외주십사 부탁을 합니다.

가족이나 친척에게 내 아이를 맡기려면, 나름대로의 준비와 마음의 내공이 필요합니다. 남에게 맡기는 것보다 더 마음의 준비를 단단히 해야 할 때가 많아요. 무엇보다 중요한 건 엄마인 나 자신의 마음을 정리하는 것입니다. 그 후 아이를 맡아 줄 가족과 현명하게 관계를 형성해야 하죠.

이를 위해 첫 번째로 할 일은 바로 욕심을 내려놓는 거예요. 시어머니나 친정엄마는 나의 고용인이 아닙니다. 단순히 돈을 받고 아이를 돌봐주는 전문 직업인이 아니라는 거죠. 물론 어린이집 교사나 육아도우미 역시 돈으로 그들의 서비스를 산다고 생각해서는 안 됩니다. 왜냐하면 단순히 무언가를 사고팔기 위해 돈으로 맺어진 관계가 아닌, 내 소중한 아이의 양육을 부탁하는 일이니까요. 이들과의 관계를 지속적으로 신경 써야 하는 중요한 이유입니다. 게다가 가족과의 관계는 어린이집 교사나 육아도우미보다 몇 배 이상 주의를 기울여야 하지요.

아이를 봐주는 고마움에 돈을 드리면, 요즘 부모님들은 대부분 마다하지 않아요. 사실 고생하는 데 돈을 받아야 마땅하다는 이야기를 하는 분들도 많고요. 그런데 가족 간의 돈거래는 자칫 서로의 자존심을 건드릴 수가 있습니다. 서로 갈등이 생기면 직장맘은 '돈도 드리는데 내 아이를 내 마음대로 키울 수 없다면 차라리 도우미분이 더 낫겠다.' 라고 생각하게 되죠. 한편 부모님 입장에서는 '그깟 돈 몇 푼 받고 내가 이게 무슨 고생이냐. 손자손녀가 예뻐서 봐주는 건데, 마치 아랫사람 대하듯 이래라저래라 잔소리하니 화가 난다.'고 서운해합니다.

이런 갈등이 생기면 중간에서 가장 힘들어지는 사람이 누굴까요? 바로 내 아이예요. 할머니와 엄마 사이에서 이리저리 눈치를 살피게 되니까요. 어떨 땐 할머니가 준 과자를 엄마한테 들키지 않기 위해 몰래 숨기거나 거짓말을 하기도 합니다.

그러니 아이를 가족에게 맡긴다면 혹은 맡기고 있다면 마음을 이렇게 정리해 주세요. 내가 낳은 내 자식이지만 직접 기를 수 없다면 대신 길러 주는 사람에게 눈 딱 감고 온전히 맡기겠다고요.

물론 저도 압니다. 우리 부모님 세대의 육아 방식이 모두 옳은 것이 아니라는 걸요. 땀띠에는 소금물이 최고라는 알 수 없는 민간요법을 맹신하여 아이에게 발라 주고, 어른이 먹었던 숟가락으로 아이에게 밥을 떠먹여 주며, 아이를 돌보며 하루 종일 텔레비전을 틀어 놓을 때도 있다는 걸요. 엄마 입장에서는 이런 사실을 알게 될 때마다 가슴이 바짝바짝 타들어 갑니다.

하지만 직장맘들이 다시 한 번 기억해야 할 점이 있습니다. 가족이 아이를 얼마나 사랑하는지, 그런 가족이 내 아이를 봐주는 것이 얼마나 감사하고 다행스러운 일인지 말이죠. 아이를 보살피는 방식에 자꾸 관여하다 보면, 결과적으론 아이를 더 이상 부탁하기 어려워집니다. 날마다 보이지 않는 신경전에 날이 서고 마음은 타들어 가죠. 물론 나만의 육아 원칙은 필요해요. 하지만 이를 상대에게까지 강요하다 보면, 엄마, 아이 그리고 우리의 부모님 모두에게 악영향을 미칩니다. 그러니 내 손으로 아이를 키울 수 없다면 내 마음부터 확실히 정리하는 지혜가 필요해요.

두 번째로 할 일은 바로 상대방을 배려하는 것입니다. 세상에 돈이 다는 아니지요. 성의껏 용돈을 드리고 있을지라도 그걸로 감사함을 모두 표시하고 있다고 생각해서는 안 돼요. 용돈을 받는 입장에서는 손주를 봐주는 대신 용돈을 타서 쓰는 것 같은 기분이 들어 자격지심이 생길 수도 있거든요. 그래서 돈을 드리는 경우 오히려 더 민감한 상황이 벌어질 때가 많습니다. 이런 상황에서 직장맘들이 신경 써야 할 행동은 구체적으로 세 가지입니다.

우선 퇴근해서 집으로 들어설 때 아이부터 찾지 마세요. 아이를 돌보느라 하루 종일 힘들었을 부모님에게 얼마나 힘드셨는지, 아이가 떼를 쓰진 않았는지, 안 좋은 무릎은 괜찮은지 안부부터 물어보세요. 퇴근하자마자 "우리 아기 오늘 하루도 잘 놀았어? 밥은 먹었고? 뭐 하고 먹었어?" 하며 아이의 안부를 확인하지 마세요. 하루 종일 아이를 돌본 입장에서는 감시당하는 것 같기도 하고 서운하기도 하거든요.

가장 먼저 "하루 종일 얼마나 힘드셨어요?"라고 말을 건네며 부모님의 노고를 인정해 주세요. 그런 다음 아이에게 "오늘 하루 할머니 힘드시지 않도록 잘 놀았어? 할머니 말씀 잘 들었지?"라고 말해 주세요.

아이가 말귀를 알아듣든지 못 알아듣든지 상관없습니다. 사소한 표현이지만 이처럼 부모님의 노고를 인정해 드리다 보면, 당신이 특별히 부탁하지 않아도 더욱 정성스럽게 아이를 돌봐 주실 거예요.

이와 더불어 평소 당신이 얼마나 감사하고 있는지도 적극적으로 표현하세요.

"어머니 이야기를 하면 회사 사람들이 다들 저를 부러워해요. 항상 감사하게 생각해요."

회사에서 얼마나 자랑을 하고 있는지 전하면 부모님이 정말 좋아하세요. 물질과는 감히 비교할 수 없는 기쁨을 말 한마디로 드리는 셈이지요.

간간이 용돈 이외의 선물을 드리는 것도 좋은 방법이에요. 꼭 비쌀 필요는 없습니다. 어머니가 좋아하는 색의 립스틱이든 예쁜 스카프든 상관없어요. 어머니가 좋아할 만한 물건을 봐두었다가 특별한 날에 깜짝 선물을 하는 거죠. 겉으로는 돈도 없는데 뭘 이런 걸 사왔느냐며 뭐라 하겠지만, 진짜로 싫어할 분은 아무도 없습니다.

음식의 간이 짜든 과자를 먹든, 아이의 생명에 사실 큰 지장은 없습니다. 어차피 내 손으로 키우지 못할 거라면, 내가 없는 동안 나 대신 사랑을 듬뿍 줄 수 있는 사람에게 맡기는 것이 최선입니다. 육아에 대한 욕심을 조금 덜어 내고, 아이를 돌봐 주는 부모님에게 감사함을 조금 더 가져 보세요. 내가 보인 감사의 마음과 정성은 그대로 내 아이에게 전달될 테니까요.

몇 푼이나 벌겠다고
집 안을 이 꼴로 만드는 거니?

아이를 낳고 그만두었던 일을 다시 시작했어요. 하다 보니 일하는 재미도 있고 주변에서 인정도 해주니 기분이 좋아요. 그런데 친정엄마는 걱정을 많이 해요. 일하다 보면 집안일에 소홀해지고, 남편이랑 아이를 제대로 못 챙긴다고요. 사실 그런 면도 없지 않아 있죠. 친정엄마는 저를 볼 때마다 일을 그만두라고 난리예요. 아직까지 꿋꿋이 일을 하고는 있지만 마음이 편치가 않아요.

우리에게 친정엄마란 존재는 든든한 동지이자 언제나 내 편을 들어주는 응원군입니다. 내가 아무리 잘못을 해도 결국 내 편을 들어주고, 나를 위해 불구덩이에도 뛰어들 수 있는 유일한 사람이죠. 그래서일까요? 엄마라는 이름만으로도 마음속이 따뜻해지고 편안해져요.

딸아이의 출산을 누구보다 가슴 아파하며 안타까워하고, 남편이랑 아이 챙기느라 혹여라도 건강 잃을세라 "이것 좀 먹어라. 저것 좀 먹어라." 하며 전전긍긍하고, 집안살림하고 아이 키우는 내 모습에 "조그맣던 게 어느새 자라서 엄마가 되었구나."라며 대견해하는 게 바로 우리의 엄마입니다. 그런 엄마와 우리는 안타깝게도 종종 갈등을 겪습니다. 어쩔 수 없이 생각도, 가치관도, 살아온 환경도 다르니까요.

우리의 어머니 세대들은 본인이 더 많이 못 배운 것에 나름대로의 한을 가지고 있습니다. 학교를 졸업한 후 직장 생활도 별로 안 해보고 그대로 집에 눌러앉아 살림만 한 것에 대한 아쉬움도 크죠. 그래서 가끔은 "학창 시절에는 예쁘고 똑똑하다는 얘기를 많이 들었는데……."라는 한탄을 합니다. 그래서인지 딸에게는 본인처럼 살지 말고 하고 싶은 대로 하며 살라는 말을 입버릇처럼 하였죠. 집에서 열심히 살림하고 애 키워 놨더니 그 공을 몰라주더라, 세상에서 가장 치사한 돈이 바로 남편 돈이더라 하며, 이제는 여자도 밖에서 일을 해야 하는 시대라고 강조하기도 하였고요.

그런데 막상 딸이 결혼을 하고 아이를 낳은 후 다시 일을 시작하니 친정엄마의 말이 달라집니다. 남편 와이셔츠도 안 다려 놓으면서 무슨 바깥일을 하느냐며 타박합니다. 가끔씩 냉장고를 열어 보고는 먹을 게 하나도 없다고 살림 꼴이 이게 뭐냐고 나무라기도 하고요. 돈 몇 푼 벌자고 가정을 팽개치면 안 된다고, 마치 가정을 등진 여자처럼 이야기합니다. 물론 왜 그런 말을 하는지 잘 압니다. 하지만 그런 말을 들을 때마다 정말 속이 상해요.

태희 씨는 원래 사회복지 쪽에 관심이 많았습니다. 전공과도 관련이 있지만 무엇보다 사람을 만나 이야기를 들어주고 함께 고민을 나눌 때 행복을 느꼈습니다. 스스로 가치 있는 사람이 된 것 같은 기분이 들기도 했고요. 사회복지사로 일을 하다 결혼과 출산으로 그만두었던 태희 씨는 아이가 어린이집에 들어가게 되면서, 다시 일을 시작했습니다. 쉬었던 기간이 좀 있는 터여서 일에 재적응할 때까지 힘들었지만 그래도 즐거웠습니다.

그런데 아내와 엄마가 집에 있는 게 익숙했던 남편과 아이에게는 태희 씨의 재취업이 무조건 반갑지만은 않았던 모양입니다. 아침에 빨아 놓은 양말이 없어서 어제 신었던 양말을 다시 신고 나가는 남편의 얼굴은 마냥 좋아 보이지 않았습니다. 어린이집에서 가져오라고 한 준비물을 깜빡한 날은 아이가 준비물 없이는 가지 않겠다며 한바탕 울어 대기도 했고요. 더군다나 주중에 장을 보지 못하니, 냉장고에 계란이며 야채며 반찬거리가 남아 있지 않았습니다. 어쩔 수 없이 똑같은 반찬을 3~4일 낼 때면 가족들의 투정이 만만치 않았죠. 사위에게 무슨 이야기를 들었는지, 주말에 친정엄마가 들이닥치더니 다짜고짜 외치셨습니다.

"너 일 그만둬라. 이제 와서 뭐 대단한 일을 한다고 집안 꼴을 엉망으로 만드니?"

분명 "너는 나처럼 살지 마라, 네가 하고 싶은 일을 하며 살라."고 하며 용기를 주던 엄마 입에서 나온 뜬금없는 구박에 태희 씨는 순간 눈물이 왈칵 쏟아졌습니다.

"엄마, 왜 옛날이랑 말이 달라지는데?"

태희 씨는 일을 시작하게 되면 당연히 남편도 집안살림에 대해 이해해주고 도울 거라고 생각했습니다. 맞벌이니까요. 하지만 상황은 기대한 것처럼 흘러가지 않았습니다. 게다가 친정엄마 입장에서는 살림을 제대로 챙기지 못하는 딸 때문에 사위 눈치가 보이고 미안하신가 봅니다. 그래도 그렇지, 태희 씨는 친정엄마에게 서운한 마음이 들었습니다.

가족 간의 문제는 논리로 해결되지 않아요

저는 태희 씨와 이야기하면서 느낀 점이 하나 있습니다. 태희 씨도 친정엄마가 왜 그런 이야기를 하는지 이미 잘 알고 있다는 것입니다. 친정엄마는 태희 씨가 밖에서 일한다고 집안일을 소홀히 해서 사위와 불화가 생길까 봐 불안해하고 계셨어요. 또 딸이 일하러 간 동안 어린이집에서 생활하는 아이가 제대로 보살핌을 못 받을까 봐, 그래서 문제가 생길까 봐 걱정이 되셨지요. 물론 이 모든 상황들은 아직 일어나지 않았고, 대개는 친정엄마의 기우로 끝날 거예요. 그러나 친정엄마는 지금까지 살아오면서, 태희 씨보다 더 많은 경험을 하고 더 많은 주변 이야기들을 보고 들어오셨겠지요.

우리는 친정엄마에게 "괜한 걱정 마세요. 전 안 그래요."라는 말을 자신 있게 외치고 있지만, 그런 모습을 보며 친정엄마는 왠지 모르게 조마조마한 느낌을 가질 겁니다.

이 모든 게 결국은 사랑 때문입니다. 내 딸이 너무 소중해서 그런 걱정과 잔소리를 하는 거예요. 사위가 밥을 제대로 못 먹을까 봐 그러는 게 아니라, 그런 일로 부부관계가 안 좋아져서 내 딸이 행복하지 않을까 봐 그런 거죠. 그래서 친정엄마가 하는 이야기는 곧이곧대로 듣고 상처 받을 게 아니라 그 속마음까지 헤아려야 합니다.

아무리 그러지 말라고 해도 친정엄마는 앞으로도 계속 그런 걱정들을 하면서 잔소리를 하겠죠. 한편으론 일을 하는 내 딸이 자랑스럽고 대견하지만, 여전히 여자는 가정을 우선으로 해야 한다는 생각을 할 테니까요. 친정엄마가 이런 말을 할 때, "엄만 내 일이 그렇게 우스워 보여? 아무 때나 시작했다가 언제든 그만둬도 되는 것 같아?"라는 말은 하지 마세요. 대신 친정엄마의 마음을 읽어 주세요.

"내가 집안일을 소홀히 할까 봐 걱정하는 거지, 엄마? 절대 안 그래. 이 것 봐, 낼 김 서방 먹을 아침거리도 준비해 놨잖아. 그러니까 걱정 마, 내가 잘할게."

여자만 집안일을 해야 하느냐고 남녀평등 운운하며 이야기할 필요가 없습니다. 남편 직장만 중요한 게 아니라 내 일도 소중하고 의미 있는 일이라고 반박할 필요도 없고요. 논리 싸움으로 해결할 수 있는 문제가 아니에요. 그저 친정엄마의 마음을 알아주고, 사위와 아이에게 잘할 거라고 안심시켜 드리는 것이 가장 좋은 방법이에요.

그러는 한편, 집안일로 가족들의 불만이 커지지 않도록 외부의 도움을 받아 보는 것도 좋은 방법입니다. 요즘에는 세상이 좋아져서 얼마든지 가사일을 줄일 수 있습니다. 짧은 시간 내에 급하게 남편을 개선시키려다 마음만 더 상할 수 있어요. 집안일을 안 하던 남편이 하루아침에 바뀔 리는 만무하니까요. 남편이 반찬투정을 하나요? 반찬 가게에서 조금씩 사다가 드세요. 꼭 내 손으로 반찬을 해서 먹여야 한다는 원칙을 갖고 있다면, 다시 한 번 생각해 주세요. 와이셔츠 세탁이요? 요새는 세탁부터 다림질까지 천 원에 해결해 주는 세탁소가 많아요. 이런 식으로 친정엄마의 걱정은 줄여 주면서도 스스로도 가사일 스트레스에서 벗어날 수 있는 방법을 찾아 활용해 보세요.

애 때문에 잠을 못 자겠어. 당신이 따로 데리고 자!

남편은 신경이 좀 예민한 편이에요. 옆에서 부스럭 소리만 나도 금방 잠에서 깨요. 그러다 보니 한밤중에 깨서 보채는 아이 때문에 잠을 설친다고 짜증을 내요. 하지만 피곤하긴 저도 마찬가지거든요. 아이 때문에 숨 돌릴 틈도 없이 낮 시간을 보내고 밤중까지 시달리다 보니 신경이 이만저만 날카로워지는 게 아니에요. 솔직히 남편도 한 번 정도는 밤에 일어나서 아이를 봐줬으면 좋겠어요. 그런데 자꾸 저더러 아이랑 따로 자라고 하네요.

아이가 태어난 지 얼마 안 되었거나 아이가 아플 때는 밤중에 몇 번이고 일어나 아이를 돌봐야 합니다. 한참 잠이 쏟아지는 시간에 아이의 보채는 소리가 들리면, 귀를 막고 그냥 자고 싶은 마음이 굴뚝 같죠. 꿀잠을 뿌리치고 자리에서 일어나기란 세상의 어떤 일보다 더 힘이 듭니다. 힘들고 바쁜 하루를 보낸 만큼, 몸은 천근만근 바닥으로 가라앉고, 눈꺼풀은 바위를 얹은 듯 들어올리기조차 어렵습니다. 하지만 한번 시작된 아이의 칭얼거림은 쉽게 멈추지 않습니다. 결국 몸을 일으켜서 아이를 안아 줘야 하죠.

이런 일이 반복되면 누구나 지칠 수밖에 없어요. 그래서 남편과 밤에 번갈아가며 아이를 돌봤으면 하는 바람이 생깁니다. 물론 남편도 종일 밖에서 힘들게 일한다는 것을 잘 압니다. 하지만 아이가 어느 정도 클 때까지는 함께 육아를 해주었으면 하고 바라는 게 아내의 마음입니다. 매번은 아니더라도 한 번쯤은 나 대신 잠자리에서 일어나서 아이에게 우유를 먹이거나 안아서 다시 재워 주거나 기저귀를 갈아 주었으면 싶은 거죠.

제가 처음 보았을 때 경란 씨는 유난히 지쳐 보였습니다. 피곤할 때 다크서클이 생기는 분들이 많은데, 경란 씨는 거의 얼굴의 3분의 1이 다크서클로 덮여 있을 만큼 어둡고 퀭해 보였죠.

"많이 피곤하신가 봐요."

제 말에 경란 씨는 이렇게 대답했습니다.

"전 밤이 무서워요, 교수님."

태어난 지 1년이 지났는데도 아이의 잠투정은 정말이지 유난스러웠습니다. 남들은 100일이 지나면 잘 잔다고들 하는데, 경란 씨의 아이는 전혀 그렇지가 않았습니다. 남편을 닮아서인지 잠귀가 밝고 잠투정도 무척 심한 편이었습니다.

"꼭 안 좋은 것만 닮더라……."

정말 짜증이 났습니다. 그러다 보니 경란 씨는 말 그대로 죽을 맛이었습니다.

게다가 얼마 전부터 경란 씨는 잠시 휴학했던 대학원 공부를 다시 시작했습니다. 한번 놓았다가 다시 시작하는 공부라서 그런지 더 힘들게만 느껴졌습니다. 아이가 생기기 전엔 대학원 수업 후 집에 와서 주어진 과제를 하면 되었지만, 지금은 과제할 시간조차 좀처럼 낼 수가 없었습니다. 간신히 아이가 어린이집에 간 사이 몰아서 하거나, 어린이집에서 돌아온 후에는 좋아하는 텔레비전 프로그램을 틀어 주고 그 사이에 속도를 내야 했죠. 치열한 하루 일과에 지친 경란 씨는 저녁에 아이를 재우려고 누웠다가 먼저 잠이 들 때가 더 많았습니다.

그런데 남편은 아이가 한밤중에 깨는 걸 참지 못했습니다. 평소에는 딸바보 아빠였지만, 밤에 아이 때문에 자다가 깨면 짜증을 내기도 하고 화를 벌컥 내기도 했습니다.

"애 잠버릇을 어떻게 들였길래, 애가 이래?"

불똥은 늘 경란 씨에게 튀고 말았습니다. 그러더니 얼마 전에는 남편이 경란 씨에게 아이와 다른 방에서 자는 게 어떻겠냐고 제안했습니다.

"회사에서도 피곤한데, 집에서 잠까지 못 자면 어떻게 일을 하겠냐고. 당신이 아이 데리고 따로 자라, 응? 나 좀 살려 줘."

그 말을 듣는 순간, 경란 씨의 마음은 서운함으로 가득 차올랐습니다.

"아이는 나 혼자 낳고 기르는 건가요? 같이 육아를 하는 게 맞는 거잖아요!"

경란 씨는 여기까지 말하고는 제 앞에서 울음을 터뜨렸습니다. 억울하고 속상하고 힘들고……, 정말 마음이 많이 지쳐 보였습니다.

각방만이 해결책일까요?

우리 부모님이 어린 시절에는 밥을 먹었느냐 못 먹었느냐가 관건인 때가 있었습니다. 사람들은 "밥은 먹었어?"라며 서로의 끼니를 묻고 챙겼습니다. 그런데 오늘날에는 주된 관심이 많이 바뀌었습니다. 그중에서도 가장 민감해진 것이 바로 잠입니다. 오늘날에는 식사보다도 잠을 잘 잤느냐에 촉각을 곤두세우죠.

우리나라 국민 중 불면으로 고생하는 인구가 약 400만 명이라고 합니다. 심지어 우리나라 전체 성인 인구 3명 중 1명이 불면증을 경험한 적이 있다고 해요. 10명 중 1명은 만성불면증에 시달린다는 통계 결과도 있고요. 이제는 "밥 먹었니?"보다는 "어젯밤에 잠은 잘 잤니?"가 서로에게 더욱 절실한 질문이 된 것입니다.

어떤 분은 잠자는 것에 대해 심각하게 생각하지 않습니다.

"나는 잠자는 것에 연연하지 않아요. 모든 인간은 언젠가는 죽게 되고, 어차피 죽으면 그때부터는 계속 자는 것과 다름없는데, 굳이 잠을 자면서 인생을 허비할 필요는 없잖아요?"

당연히 인생을 허비할 만큼 오래 잘 필요는 없습니다. 그럼에도 잠은 중요합니다. 남녀노소를 막론하고 누구에게나 가장 필요한 휴식이니까요. 잠을 제대로 자고 나면 몸속의 독소가 해독되면서 신체 기능이 활발해집니다. 몸과 정신이 잘 쉬었으니, 당연히 기분도 좋아지지요. 존스홉킨스 대학의 연구 결과를 보면, 잠을 짧게 잘수록 치매를 유발하는 아밀로이드 성분이 많아져서 치매에 걸릴 확률이 높아진다고 합니다.

미국수면재단^{NSF, National Sleep Foundation}이 주요 연령대별 권장 수면 시간을 발표한 자료가 있습니다. 그 자료에 따르면 0~3개월 사이의 신생아는 14~17시간을, 유아와 미취학 아동의 경우에는 10~13시간을 자는 것이 좋습니다. 그 정도는 자야 아이들이 무럭무럭 클 수가 있다는 거죠. "잠자면서 키 큰다."는 옛말처럼 잠은 아이들에게 절대적으로 중요합니다. 성인으로 분류되는 나이대인 26~64세의 경우 권장 시간은 7~9시간입니다. 6시간 이하는 적당하지 않다는 결과도 있습니다. 결국 엄마들 역시 정신적으로 건강하게 생활하기 위해서는 최소 6시간 이상은 자야 한다는 거죠.

사람의 생각과 가치관에 따라 하나의 문제를 바라보는 시각이 다르고, 육아 방식에 대한 의견도 각기 다를 겁니다. 저는 육아란 부부가 함께 감당해야 하는 일이라고 생각해요. 많은 분들을 만나고 이야기를 나눈 후 내린 나름대로의 결론이죠. 아이를 키우는 일은 부모의 공동 책임입니다.

얼마 전 후배 부부를 만났는데, 재미있는 이야기가 오갔습니다. 식사 도중에 후배의 남편이 이렇게 말했어요.

"우리 애는 밤에 잠을 잘 자요."

그러자 그 옆에 있던 후배가 기가 막히다는 듯 반박했지요.

"뭐라고? 우리 애가 잠을 잘 잔다고요? 1시간마다 깨는 거 모르죠? 하긴 내가 아이랑 다른 방에서 자니 알 리가 없지……."

남편을 바라보는 후배의 눈길에는 서운함과 쓸쓸함이 가득했습니다. '왜 나만 육아를 다 짊어져야 하나……' 하는 억울함도 엿보였고요.

육아에 대한 관점을 바꿔서 생각해 볼 필요가 있습니다. 요즘은 자녀를 하나 또는 둘 정도만 갖는 가정이 많습니다. 아이가 태어나서 자라는 과정은 정말 신비롭지요. 그 과정을 곁에서 함께 경험하며 지켜본다는 것은 부모로서의 기쁨이자 혜택입니다. 내 아이와 어려서부터 친밀해지고 가까워질 수 있는 기회를 만드는 과정이기도 하고요.

남편이 힘들어한다고 무조건 아이를 데리고 각방을 쓰는 게 능사는 아닙니다. 정말 힘들어하면 며칠 정도는 그렇게 할 수 있지만, 아이가 클 때까지 아예 각방을 쓰는 건 결코 바람직한 방법이 아닙니다. 그러니 남편과 진지하게 의논해 보세요. 왜 아이를 나에게만 떠맡기냐며 화를 내라는 것이 아니라, 남편의 도움과 지지를 받을 수 있도록 차분히 설명하라는 것입니다. 남편이 아내의 마음을 조금 더 이해할 수 있는 계기를 가질 수 있도록요.

주말 저녁만이라도 아이를 남편에게 맡기고 푹 자고 싶다는 엄마들이 있습니다. 그런데 이 방법은 현실적으로 불가능할 때가 많아요. 아이의 입장에서는 익숙한 엄마의 품이 좋기 때문에 주말에 갑자기 아빠와 자는 걸 싫어하거든요. 어른 편하자고 싫다는 아이를 억지로 아빠랑 자도록 하는 건 생각해 볼 여지가 있습니다. 이럴 때 "왜 아빠한테 안 가는 거야? 엄

일을 나가는 남편에게 충분한 수면이 중요하듯,
집에서 육아라는 일을 하는 아내에게도
충분한 수면이 필요해요.
당신 혼자 짊어지려 하지 마세요.
백점짜리 정답은 없어요.
부부가 함께 해결책을 찾아보세요.

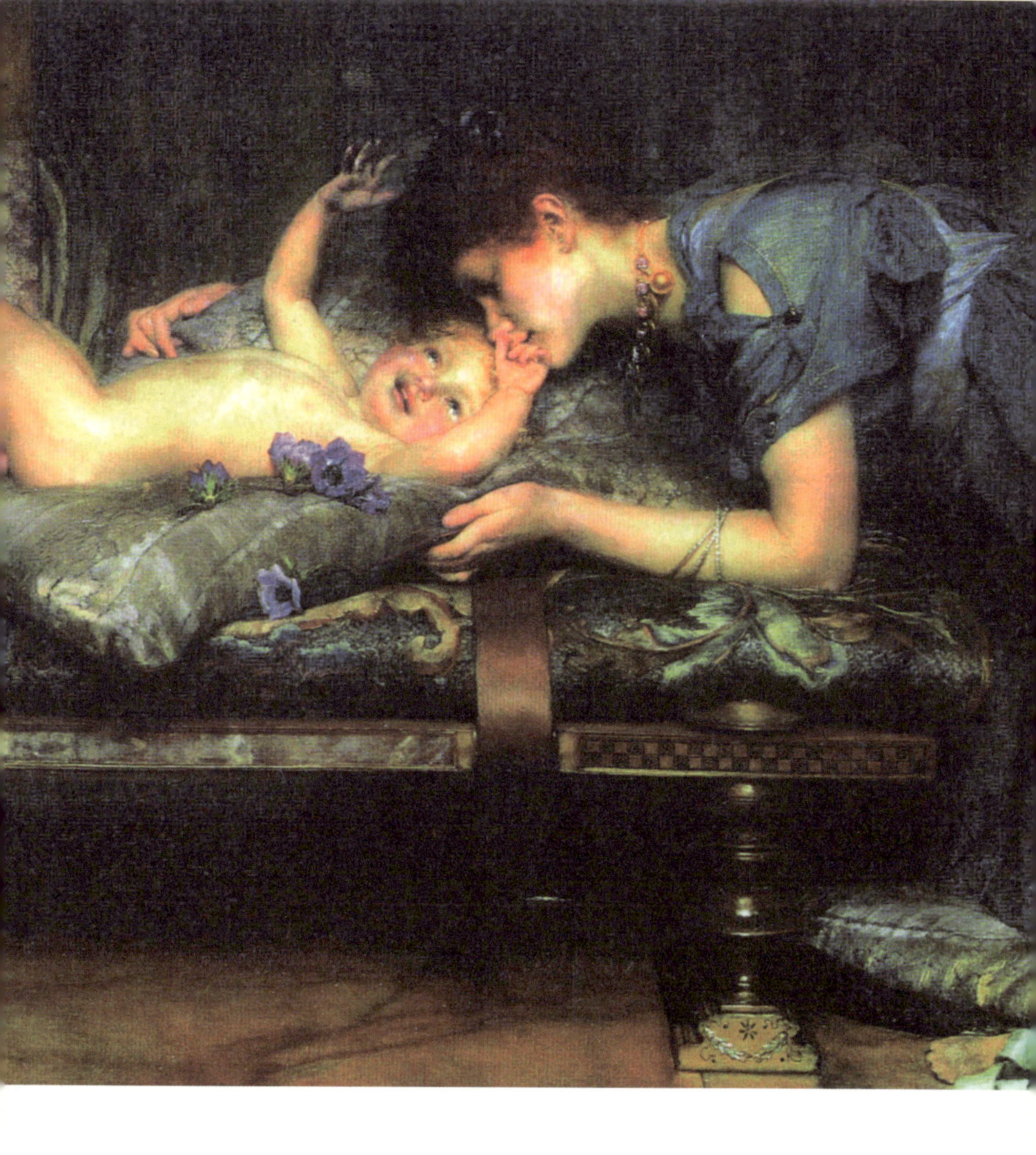

마 힘들어 죽겠다고!" 하며 화를 내지는 마세요. 엄마가 편안하고 익숙한 걸 아이인들 어쩌겠어요. 대신 밤잠을 설치는 아내를 위해, 주말만이라도 낮잠을 자거나 쉴 수 있도록 남편이 아이를 일정 시간 전담할 수는 있겠지요. 아빠가 아이랑 주변 공원에 산책을 나가거나 집 안에서 노는 동안, 엄마는 잠도 보충하고 여유 있게 목욕도 하면서 피곤을 풀 수 있을 것입니다.

엄마 혼자 육아를 책임지려 하지 마세요. 함께 방법을 찾아보세요. 백점짜리 정답은 있을 수 없어요. 하지만 서로를 이해하고 나면 우리 부부만의 해결책을 찾을 수 있을 거예요.

또 아파?

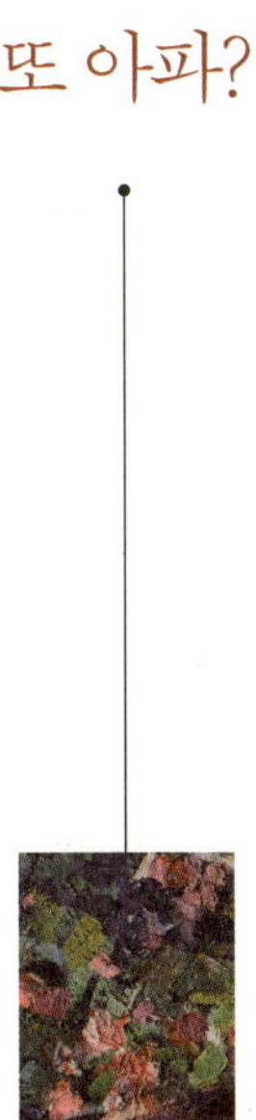

친한 친구들과 여행을 떠난 적이 있을 거예요. 말이 1박이지 숙소를 잡아 놓았지만 잠은 거의 자지 않지요. 족발, 과자, 음료 등을 끊임없이 먹으며 날이 새도록 이야기꽃을 피우면서요. 어렴풋이 새벽이 오는 것 같으면, 대충 자리를 펴고 짧은 잠을 청합니다. 아침은 컵라면 같은 인스턴트 식품으로 때우고 집으로 돌아옵니다. 집에 와서 씻고 자리에 눕는 경우도 있지만, 다시 밖에 나갈 채비를 하고 외출하기도 합니다. 그래도 별로 힘든 줄 몰랐죠.

그렇게 지칠 줄 몰랐던 체력은 결혼을 하고 어느 날부터인가 자꾸만 떨어지기 시작합니다. 동네 마트에 가서 장을 본 뒤 집으로 돌아가는 길이 천리길처럼 느껴집니다. 별로 사지도 않았는데 장바구니는 왜 이리 무거운지요. 집에 도착하면 장바구니를 바닥에 팽개치듯 하고 소파에 털썩 주저앉습니다. 아이와 아파트 앞 놀이터에 가서 잠깐 놀아 주는 날에는 간식거리를 챙겨 줄 힘도 남아 있지 않아요. 일주일이 멀다 하고 몸살 감기로 골골합니다.

제가 만난 수영 씨는 건축학과를 졸업한 건축학도였습니다. 전공 특성상 학과에 여자 동기들은 거의 없었지만, 성격이 씩씩하고 사교성이 좋아서 대학 생활 내내 열정적으로 즐겁게 보냈습니다. 전공과 관련해서 때로는 체력적으로 힘을 써야 하는 일들도 있었고, 밤을 새워서 해내야 하는 과제들도 있었죠. 하지만 수영 씨에겐 별로 부담이 되지 않았어요. 학과 선배들조차 "넌 정말 체력 하나는 타고났다."고 할 만큼 건강에는 자신이 있었으니까요.

대학 졸업 후 전공과 관련된 회사에 취업을 했다가 결혼하면서 그만두었습니다. 딱히 회사일이 힘들어서라기보다는 좀 쉬고 싶다는 생각이 들었기 때문이죠. 그런데 막상 아이를 낳고 집에 있다 보니 자꾸 여기저기 아프기 시작했습니다. 멀쩡하던 얼굴에 두드러기가 생겨 병원에 다니기도 했고, 계단을 오르내릴 때마다 오른쪽 무릎 관절이 아팠죠. 걸핏하면 감기와 편두통에 시달렸고요.

평소 수영 씨가 워낙 건강했기 때문에 처음에는 남편을 비롯하여 가족 모두 걱정을 했습니다. 친정엄마는 "아이 낳고 몸조리를 잘 못해 몸이 축났나 보구나." 하시며 걱정을 했고, 남편은 "당신, 너무 무리하는 거 아냐? 좀 쉬어. 오늘은 내가 밥할게." 하며 위로해 주기도 했어요. 그런데 수영 씨의 사소한 병치레가 점점 더 많아지자, 가족들은 타박하기 시작했습니다. "또 아프냐, 허구한 날 몸이 그래서 어쩌냐, 도대체 문제가 뭐냐, 병원 좀 가봐라." 등등.

물론 가족들이 수영 씨를 걱정하지 않는 건 아니었습니다. 그건 수영 씨도 알고 있었죠. 사실 수영 씨에게 심각한 질병이 있는 것도 아니었습니다. 그런데 계속 이곳저곳이 번갈아가며 아픈 거예요. 수영 씨가 아프고 싶어서 아픈 것도 아닌데, 귀찮아하는 가족들을 보고 있노라면 서러운 마음이 왈칵 들었습니다. 그래서 수영 씨는 아파도 아프다는 말을 안 하기로 결심했습니다. 그 후부터는 혼자 몰래 병원에 가서 주사를 맞거나 약을 먹었지요. 그러나 마음 한켠에 서운한 감정은 사라지지 않았습니다.

몸이 아프면 감정도 약해져요

몸이 아플 때는 마음도 함께 예민해지고 쉽게 상처 받습니다. 몸에 에너지가 있고 상태가 좋을 때는 누군가 싫은 소리를 해도 가볍게 넘길 수가 있습니다. 반면에 몸이 처지고 기운이 없을 때는 누군가 조금만 싫은 소리를 해도 상처를 받지요. 그래서 몸이 약한 사람들은 대부분 신경이 예민합니다.

저는 어릴 때부터 환절기가 되면 알레르기가 심해지곤 했습니다. 중·고등학교 때도 꽃가루가 날리는 봄만 되면 힘이 들었죠. 항상 알약을 갖고 다닐 정도였어요. 쉴 새 없는 재채기와 콧물에 시달리고 나면, 엄마에게 괜한 신경질을 내거나 반찬투정을 하곤 했습니다. 몸이 괴로우니 만사가 짜증났거든요. 제가 재채기를 수십 번 연달아 할 때마다 엄마는 안타까워하셨지만 때로는 "얘, 입 좀 막고 해라."라고 무심하게 말씀할 때도 있었어요. 알레르기에 좋다는 약도 챙겨 주시고 음식도 해주셨지만, 매번 반복되는 상황에 엄마도 무덤덤해지면서 지치신 거죠. 저는 그런 엄마의 말투와 태도가 그 당시에 참 서러웠습니다.

수영 씨와 몇 번 만난 후, 저는 한 가지 숙제를 내주었습니다. 건강을 위해 바로 실천할 수 있는 운동이나 습관을 하나 정도 만들도록 권한 거죠. 차를 타고 가야 할 만큼 멀리 있는 운동센터에 등록하거나 하루에 한 시간씩 운동할 필요는 없다고 말해 주었습니다. 대신 집 안에서 혹은 집 근처에서 언제든지 할 수 있는 운동이나 습관을 찾아보라고 했지요. 그리고 이를 실천할 때마다 인증샷을 찍어 매일 제게 보내도록 부탁했습니다. 인증샷을 보내지 않은 날은 알람을 울리는 자명종처럼 제가 정기적으로 상기시켜 주었고요.

이를 지속하는 사이 수영 씨는 자신의 건강을 지키기 위해 굳이 거창

한 것이 아니라 사소한 행동만으로도 충분하다는 걸 점차 깨닫기 시작했습니다. 아침에 일어나서 간단히 스트레칭을 하는 것, 비타민을 하루에 한 알씩 챙겨 먹는 것, 아이가 먹다 남긴 밥으로 대충 식사를 때우는 것이 아니라 자신을 위해 계란 프라이라도 만들어 먹는 것, 의자에 앉을 때 등을 펴고 꼿꼿이 앉는 것 등으로도 충분하다는 걸 말이죠.

건강한 사람들은 대개 자신의 건강을 과신하는 경향이 있습니다. 아팠던 경험이 별로 없고 무리를 해도 탈이 나지 않았기 때문에 몸을 챙기지 않죠. 그래서 무심코 과로를 하는 경향이 많습니다. 그러나 건강은 누구도 장담할 수 없어요. 수영 씨처럼 과거에 튼튼했던 사람이 오히려 나이가 들면서 아픈 경우가 의외로 많습니다. 그건 그동안 본인의 건강을 너무 방치했기 때문이죠.

실제로 수영 씨는 지금까지 영양제나 비타민 등을 챙겨 먹은 일이 없었다고 했습니다. 바쁘다 보면 끼니를 거를 때도 많았고요. 밤늦게까지 텔레비전을 보면서 야식을 하는 경우도 종종 있었다고 해요.

내 건강은 내가 지켜야 해요. 건강을 지킨다는 건 몸에 좋은 무언가를 꾸준히 해야 한다는 의미죠. 아무리 나를 아끼고 사랑해 주는 가족이라도 내 건강을 꾸준히 챙겨 주는 건 불가능합니다. 내 건강은 스스로 알아서 챙기고 보살펴야 합니다. 몸에 좋은 게 있다면 남편과 아이에게만 주지 말고, 엄마인 당신이 먼저 먹으세요. 아프고 서러워해 봤자 나만 손해예요. 내 몸에 대한 책임은 바로 나 자신에게 있어요.

거울 좀 봐!
꼴이 그게 뭐야?

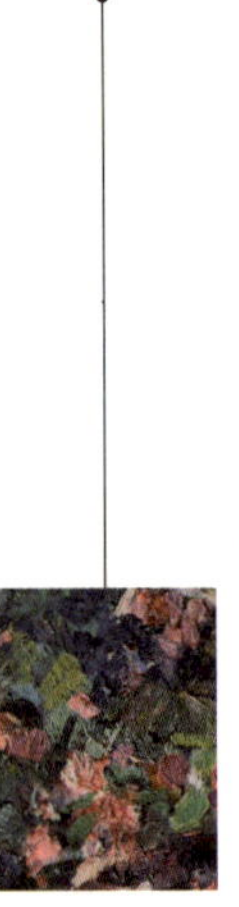

남편이랑 같이 텔레비전을 볼 때, 여자 아이돌 그룹이나 여배우가 나오면 남편은 완전 집중을 해요. 그리고 저를 슬쩍 곁눈질하면서 "당신, 살 안 뺄 거야?"라고 한마디 하죠. 직접 표현은 안 하지만, 텔레비전 속 연예인이랑 저를 마음속으로 비교했을 거예요. 그럴 때마다 자존심이 상해요. 연예인이야 자기 몸 꾸미는 게 중요한 일이지만 전 아니잖아요. 가족들 돌보면서 알뜰하게 살림하는 게 제일인 걸요. 외모를 중시하는 남편 때문에 상처 받을 때가 너무 많아요. 내가 누구 때문에 이러고 사는데요.

남편과 텔레비전을 함께 보다 보면, 자신도 모르게 어깨가 움츠러들고 스스로가 못나 보인다는 아내들이 꽤 많습니다. 방송에 나오는 어린 여자 아이돌 그룹이야 말할 것도 없고, 40~50대 되는 연예인들조차 나이를 가늠할 수 없을 만큼 젊어 보이고 예쁘지요. 세월은 흘렀지만 오히려 10~20년 전보다 훨씬 더 젊어 보이는 여배우들을 보다 보면 저 사람들은 어려지는 약이라도 먹고 있는 건지 궁금해집니다. 출산한 지 두 달밖에 안 되었는데도 처녀 때보다 더 마른 몸매를 자랑하거나 열 살 정도의 연하 배우들과 호흡을 맞춰 연인으로 나오기까지 하는 여자 연예인들을 보면 솔직히 부럽습니다.

세은 씨는 드라마를 좋아했습니다. 드라마의 스토리나 앞으로의 전개를 인터넷으로 미리 찾아본 후 상상도 해보고, 방송국 홈페이지에 글도 남기는 드라마 열혈 팬이었죠. 사실 드라마뿐만이 아니라 예능 방송도 꼬박꼬박 챙겨 보는 등 텔레비전 보는 것을 좋아했습니다.

그런 세은 씨가 텔레비전을 멀리하는 시간이 있습니다. 바로 남편과 함께 있을 때지요. 남편이 퇴근해서 함께 밥을 먹고 느긋하게 과일을 먹으며 텔레비전 보는 시간은 원래 세은 씨에게 가장 즐겁고 편안한 시간이었습니다. 그런데 어느 순간부터 남편과 텔레비전을 보는 것이 불편해지기 시작했습니다. 남편이 방송에 나오는 여자 연예인들을 보며 즐거워할 뿐만 아니라 은근히 세은 씨와 비교하면서 구박한다는 생각이 들기 시작한, 바로 그때부터였습니다.

세은 씨의 남편은 패션에 관심이 많은 편이었습니다. 남자치고는 옷도 잘 입고 관리도 잘해서 애 아빠가 된 지금도 총각 같다는 말을 종종 듣곤 했죠. 반면에 세은 씨는 아이를 낳고, 패션에 대한 관심이 점점 줄어들었습니다. 거의 집에만 있는 데다가, 아이와 있다 보면 디자인보다는 아이에게 해가 되지 않고 편한 소재를 찾게 되거든요. 더군다나 가끔 나가는 친구 모임을 위해 굳이 요즘 유행하는 패션이 무엇인지 알아 둬야 한다거나 옷을 사야 할 필요성을 느끼지 못한 탓도 컸습니다. 아이를 낳고 나서 살이 붙은데다 편한 옷만 입다 보니 결국 결혼 전보다 8kg이나 체중이 늘었습니다. 특히 턱선과 옆구리에 살이 많이 붙었지요. 그러면서 남편의 구박 아닌 구박이 은근히 시작되었습니다.

세은 씨는 자신도 날씬하게 살을 빼서 예쁘게 차려 입고는 싶지만, 남편의 요구 때문에 등 떠밀려 그러기는 싫다고 했습니다. 왠지 자존심이 상해서지요. 요즘은 남편과 텔레비전을 같이 보는 대신, 방에서 아이와 놀아 주거나 혼자 책을 본다고 했지요. 남편과 함께 날씬하고 세련된 여자들로 가득 찬 텔레비전을 보는 게 왠지 부담이 되었거든요. 어제 아침에는 남편이 아침밥을 먹다가 세은 씨를 물끄러미 쳐다보며 한마디 했답니다.

"당신, 거울 안 봐? 너무 긴장 풀고 사는 거 아냐?"

아침상을 차리느라 부스스한 머리로 동분서주하던 세은 씨는 순간 민망한 기분이 들었습니다.

"아침에 거울 볼 시간이 어디 있어? 얼른 먹고 가기나 해."

아무렇지 않은 듯 말했지만, 속으로는 마음이 덜컹 내려앉았습니다. 남편이 현관문을 나서자마자 거울로 달려간 세은 씨는 스스로의 모습에 충격을 받았습니다. 윤기 없이 부스스한 머리, 어딘지 푸석하고 부어 보이

는 얼굴, 목이 한껏 늘어난 티셔츠, 군데군데 묻어 있는 음식국물, 마지막
으로 눈 가장자리에 애매하게 달려 있는 눈곱까지. 이 모습이 남편 눈에
어떻게 보였을까 생각하니 아무리 가족이라지만 쥐구멍에 들어가 버리
고 싶었습니다.

먼저 엄마 당신을 위하세요

여자는 늙어도 여자라고 하지요. 언제나 예뻐 보이고 싶은 게 여자의
마음입니다. 그런데 사랑받아야 할 남편에게 저런 소리를 듣게 된다면 어
떤 마음이 들까요? 창피하고 수치스럽기도 하고, 내가 지금 누구 때문에
이러고 사는데 하며 분노와 반발심이 듭니다.

안고 먹이고 씻기고 아이와 늘상 살을 맞대야 하는 엄마들은 화장품
하나도 제대로 바르기 힘듭니다. 아이에게 묻을까 봐 립스틱 바르는 것조
차 조심스럽죠. 머리카락을 잡아당기는 아이 때문에 머리는 하나로 질끈
묶거나 짧게 자르기 일쑤입니다. 언제 어디서나 아이를 안고 움직일 수
있도록 하이힐보다는 운동화를 선호하고요. 이런 속사정을 남편이 알 리
가 없습니다.

사실 문제는 이런 말들을 들을 때마다 아내들의 자존감이 낮아진다는
사실입니다. 아이 때문에 어쩔 수 없이 이러고 있지만 좋아서 이러는 게
아니거든요.

앞에서도 자존감에 대해 이야기했지만, 자존감^{Self-esteem}은 자기 스스로

여자들은 누군가의 아내가 되고
엄마가 되는 순간 희생과 양보가 오래된 습관처럼
몸에 배는 듯합니다.
자존감을 높이기 위해 반드시 기억해야 할 원칙은
나 자신을 위해 때로는 이기적으로
행동해야 한다는 것입니다.

를 존중하는 감정입니다. 스스로 가치가 있다고 생각하는 믿음이죠. 진정한 자존감은 외모에서 나오는 것이 아니라 내면에서 나옵니다.

외모가 뛰어난 연예인이라 해도 자존감이 낮은 경우가 있어요. 실제로 제가 만났던 연예인분들 중에는 자신은 아무런 가치도 없는 하찮은 존재라며 괴로워하는 분들이 꽤 많았습니다. 함께 방송을 진행한 후에 저에게 "어떻게 하면 자존감을 높일 수 있을까요?"라고 간절하게 물어보았던 분도 있었고요. 반면에 외모가 아주 뛰어나지도 눈에 띄지도 않지만, 스스로를 소중하게 여기고 존중하는 분들도 많이 보았지요. 흔들리지 않는 진짜 자존감은 내면에서 나오는 것이라고 보는 이유가 여기에 있습니다.

다른 사람이 나의 외모를 누군가와 비교하고 지적할 때, 그 말에 휘둘리지 않으려면 자존감이 있어야 해요. 하지만 자존감이 중요하다고 강조하면 많은 분들이 답답해합니다.

"도대체 자존감을 어떻게 높여야 하나요? 원래 전 자존감이 낮은데……."

이런 말들을 하면서요.

자존감을 높이기 위해 기억해야 할 원칙은 나 자신을 위해 때로는 이기적으로 행동하라는 것입니다. 여자들은 누군가의 아내가 되고 엄마가 되는 순간 희생과 양보가 오래된 습관처럼 몸에 배는 것 같습니다. 가족들이 먹을 식사는 정성껏 만들어 예쁜 그릇에 담지만, 정작 본인은 식구들이 먹다 남긴 것을 대충 먹지요. 심지어 가족들은 금방 만든 따끈한 찌개를 먹을 때, 냉장고에 넣어 둔 오래된 찌개를 먹어 치운다며 따로 꺼내 먹습니다. 이러한 모습을 통해 자연스럽게 나 자신과 가족들에게 '엄마

(아내)는 그렇게 먹어도 되는 사람'이라고 알려 주고 있지요. 나 스스로를 그렇게 대접한다는 건 나는 그 정도의 값어치밖에 없는 사람임을 계속 반복해서 인지시키는 것이나 다름없습니다.

가족을 위하는 것도 좋지만, 당신 자신도 챙겨 주세요. 찬거리를 고민할 때 남편이나 아이를 위한 반찬만 만들지 마세요. 아낀다고 아이에게만 한우를 먹이지 말고 당신도 같이 먹으세요. 남편들은 회식이다 모임이다 하여 집에서가 아니더라도 언제든지 좋은 것을 먹을 기회가 많습니다.

이런 식으로 생각의 전환이 필요합니다. 남편의 구박 때문이 아니라 스스로 자존감을 되찾기 위한 목적으로써 스스로 관리를 시작하세요. 시간과 비용이 만만치 않은 마사지 숍에 가지 않더라도, 상품평이 좋은 마스크 팩을 사서 일주일에 한두 번 정도 얼굴에 붙여 주세요. 이런 사소한 행동만으로도 뭔가 예뻐지는 것 같고 기분이 좋아지거든요.

남편 챙기랴, 아이 챙기랴 정신없이 바쁜 아침이지만, 그래도 하루를 시작하기 전에 거울을 들여다보고 내 머리도 한번 쓰다듬어 주세요. 부모님 밑에서 철없이 굴던 때가 있었는데, 이제는 어엿한 아내와 엄마가 되어 가족들을 돌보는 자신을 기특해하며 칭찬해 주세요. 실제로 진짜 대견하잖아요. 그런 나에게 아무거나 먹이고 아무거나 입히는 건 안 되지요. 내가 나를 귀하게 여기고 대할 때 남편과 아이도 나를 귀하게 대합니다.

5장

아이가 이럴 때,
난 어떻게 해야 하나요?

"아이들은 하늘을 나는 새다.
마음이 내키면 날아오고, 내키지 않으면 날아가 버린다."
이반 트루게네프(러시아 작가)

누구나 새로운 것을 배우거나 새로운 역할을 맡아 시작할 때는 실수를 합니다. 자전거를 처음 배우던 어린 시절을 기억하나요? 세발자전거를 타다가 새롭게 두발자전거로 바꿔 탔을 때 말이에요. 바퀴 하나 없앴을 뿐인데, 갑자기 균형을 잡지 못하고 뒤뚱거리다 나동그라집니다. 익숙해지기까지 발뒤꿈치도 무던히 까졌지요.

학교 다닐 때 새 학기가 시작되면 어땠나요? 새로운 담임선생님과 반 친구들에 자꾸 긴장이 되었습니다. 담임선생님이 어떤 분인지 알 수 없어 매사에 조심스러웠죠. 조금만 혼을 내거나 불편한 표정을 보이기라도 하면, 그날 밤 집에 가서 제대로 잘 수가 없었습니다. '선생님이 나를 미워하면 어떡하지?' 근심이 꼬리를 물고 마음을 어지럽혔거든요.

처음 연애를 시작할 때는 어땠나요? 막 사귀기 시작하여 처음으로 말다툼을 했을 때 말이에요. '저런 말을 하는 걸 보니 나를 안 좋아하는 걸까? 마음이 많이 상했나? 이럴 땐 어떻게 해야 하지?' 안절부절못하며 하룻밤을 꼬박 새우지는 않았나요? 나중에 알고 보면 아무 일도 아니었지만, 그 당시에는 상대방의 말투 하나하나에 신경이 쓰였잖아요.

새로운 사람과 관계를 형성할 때는 이처럼 크든 작든 시행착오를 겪습니다. 내 아이와도 마찬가지예요. 우리는 단 한 번도 내 아이와 같은 사람을 과거에 만나 본 적이 없습니다. 내 아이처럼 생기고 내 아이의 성향과 감정 상태를 가진 사람을 말이에요. 내 아이는 육아서에 쓰인 대로 행동하지도, 먹지도, 자지도 않습니다. 그러니 우리가 내 아이의 행동과 감정 표현에 대해 어떻게 대응해야 할지 모르는 건 어찌 보면 당연한 일이죠. 이 세상에 단 하나뿐인 완전히 새로운 상대를 만났으니까요.

이제 저와 함께 엄마를 아프게 하는 아이의 특정 행동들을 살펴보고 아이의 감정 상태를 천천히 들여다볼 거예요. 이런 아이의 행동은 문제가 있는 것이고, 저런 감정은 나쁜 감정이니 교정해 주어야 한다는 등의 내용은 없습니다. 우리는 해당 상황에서 나타나는 아이의 감정에만 초점을 맞출 거예요. 왜 그 상황에서 아이가 그런 감정을 느끼게 되는지를 살피는 게 우선이니까요. 아이의 감정을 먼저 살피면 아이의 행동도 자연스럽게 이해가 되거든요. 그러고 나면 엄마로서의 대응도 현명하게 할 수 있을 겁니다.

아이가 할머니만
좋아해요

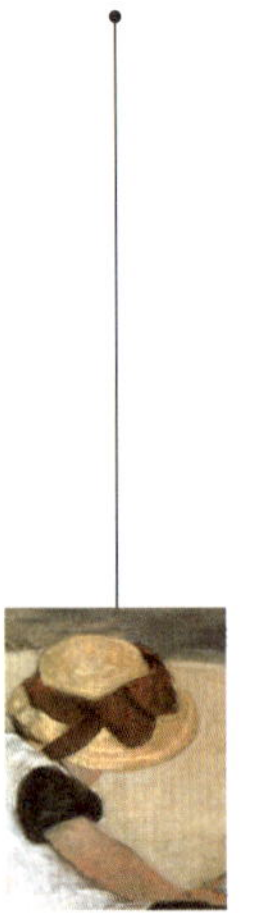

네 살 된 딸을 둔 엄마예요. 직장맘이라 회사에 출근하면서 근처에 있는 친정엄마에게 아이를 맡기고 있어요. 그런데 남들은 아이가 엄마랑 떨어지기 싫어해서 아침마다 울고불고 전쟁이라던데, 우리 모녀는 반대예요. 아침에 할머니 집에 도착하자마자 아이는 얼른 할머니 품에 안깁니다. 그러고는 뒤도 안 돌아봐요. 회사 선배들에게 얘기하니, 아이가 엄마를 편하게 해주는 거라며 감사하라고 하는데 전 솔직히 서운할 때가 많아요. 저와 아이 사이에 애착 관계 형성이 제대로 안 된 것 같아 걱정도 되고요.

엄마 입장에서는 아이가 나에게 너무 달라붙어도, 반대로 너무 쉽게 떨어져도 이래저래 염려됩니다. 엄마와 헤어지기 싫어하는 아이들이 대부분이지만, 상황에 따라서 엄마보다 더 편안하고 안정된 애착 관계를 형성한 존재가 있을 경우 아이는 엄마와의 헤어짐을 잘 이겨냅니다. 특히 그 대상은 할머니나 할아버지일 때가 많지요.

영주 씨는 아이를 낳고 얼마 전 친정 근처로 집을 이사했습니다. 육아 휴직이 끝나 직장으로 복귀하면서 아이를 돌봐 줄 도우미분을 찾았지만, 하나같이 영주 씨의 마음에 차지 않았기 때문이지요. 영주 씨의 친정 부모님이 손녀를 매우 예뻐하여 이사하기 전에도 한 달에 한 번 친정에 가서 아이를 보여 드렸습니다. 그때마다 아이의 볼을 비비며 무릎에서 내려놓지 않으셨죠. 갈 때마다 아이가 좋아하는 곰국을 가득 끓여 두셨고요. 물론 집으로 돌아올 때는 부모님 본인들 드실 반찬도 남기지 않고 손주 먹이라며 싸주셨어요. 영주 씨는 결국 이런저런 고민 끝에 친정 옆으로 이사를 하게 되었습니다. 비록 출퇴근 시간은 더 길어졌지만, 직장에서 마음 놓고 일을 할 수가 있었습니다.

처음에는 엄마랑 떨어지기 싫어하던 아이도 차츰 적응해 나가는 모습을 보였습니다. 아침에 할머니 집에 갔다가 퇴근 무렵 엄마가 데리러 오는 생활에 익숙해지는 듯했죠. 그런데 어느 순간부터 아이는 엄마보다 할머니와 떨어지는 걸 더 힘들어하기 시작했습니다. 아침에 할머니 집에 빨리 가자고 출근 준비하는 엄마 손을 잡아끌기도 하고, 퇴근 후 아이를 데리러 현관문에 들어서는 영주 씨 얼굴을 보고 울음을 터뜨리기도 했습니다.

"싫어, 엄마 가! 나 할머니랑 있을 거야!"

몇 번 그러다가 말겠거니 생각했는데, 날이 갈수록 아이는 할머니에게 찰싹 붙어서 떨어지려고 하지 않았습니다. 회사 일에 지쳐 퇴근한 영주 씨는 자신을 보자 도망가는 아이에게 그만 크게 화를 내고 말았죠.

"너, 엄마 싫으면 할머니 집에서 아예 살아! 나도 너 싫어!"

아직 어린 나이의 딸이 한 행동이지만 서운함이 밀려왔습니다. 스스로 이러는 게 유치하다는 걸 알고 있으면서도 영주 씨는 북받치는 감정을 참지 못했습니다.

아이의 사랑을 빼앗긴 것 같나요?

아이를 임신했을 때의 그 느낌을 기억하나요? 나와 한 몸이었던 아이, 내 배 안에서 손가락을 꼼지락거리며 기지개를 펴거나 배를 찰 때 느껴지던 감촉. 임신 기간 내내 마음대로 먹지도 못하고 움직이는 것도 조심스러웠지만, 그래도 온몸이 소중한 기운으로 가득 차 있던 그 느낌 말이에요. 정말 좋지 않았나요?

남들은 아이가 태어나면 힘들어진다고 했지만, 막상 아이가 태어나자 작은 천사처럼 예쁘고 또 예뻤습니다. 외출도 자유롭지 못하고 밤에 잠도 제대로 잘 수 없었지만, 그래도 나만을 바라보고 한시라도 내가 곁에 없으면 견디지 못하는 존재가 이 세상에 있다는 것이 한편으로는 황홀했죠.

그러던 아이가 어느 순간 엄마인 당신보다 더 좋아하는 사람이 생기기 시작합니다. 이런저런 규칙들을 정해 "안 돼."를 외치는 당신과는 달리,

무조건적인 사랑을 주는 할아버지나 할머니를 더 따르기 시작한 거죠. 당신이 무섭게 혼을 낼 때는 할아버지 혹은 할머니의 품속으로 냉큼 뛰어듭니다. 그럴 때마다 아이의 버릇이 나빠질까 봐 걱정도 되지만, 엄마만 좋아하던 아이에 대한 서운함이 밀려듭니다. 결국 당신은 애꿎은 친정엄마에게 화를 내죠.

"엄마 때문에 애 다 망치겠어. 이러면 버릇 나빠진다고!"

그런데 말이지요. 할아버지나 할머니는 당신과는 다른 눈으로 아이를 바라보고 있답니다. 아이를 바라보는 당신의 관점과 할아버지나 할머니의 관점은 전혀 다릅니다. 당신은 아이를 볼 때 책임지고 길러야 하는 양육의 대상으로 봐요. 그래서 올바른 습관을 길러 주려고 노력하고, 편식을 하지 않도록 조심시키고, 책을 꾸준히 읽도록 지도하죠.

하지만 할아버지나 할머니는 아이를 볼 때, 양육의 대상이 아닌 사랑의 대상으로 봅니다. 마치 나이 어린 연인처럼 대하죠. 갖고 싶다고 하면 사 주고 싶고, 먹고 싶다고 하면 어떻게 해서든 먹여 주고 싶은 사랑하는 연인처럼 말이지요.

당신은 연애할 때 어땠나요? 사랑에 빠져 있을 땐 상대방이 약속 시간에 늦어도 밉지가 않습니다. 오히려 허겁지겁 달려온 상대방이 안쓰러워서 "왜 뛰어왔어? 천천히 와도 되는데……." 하고 말하지 않았나요? 함께 밥을 먹을 때 당근을 먹지 않는 상대방이 못마땅하기보다는 신기하게 보였을 거예요. 그리고 다음 데이트 때부터는 당근이 들어간 음식 종류는 선택하지 않았을 거예요. "당근이 얼마나 몸에 좋은데 그래! 얼른 당근 먹지 못해?!"라고 말하지는 않았을 테죠. 책을 좋아하는 당신과는 달리 야

외 활동을 좋아하는 상대방을 위해 데이트 장소는 대개 야구장이나 공원이었지만, 아마 "책이 얼마나 재미있고 좋은 건데!"라며 책읽기를 강요하지는 않았을 거예요. 그것도 억지로가 아니라 자연스럽게 저절로 상대방이 좋아하는 것들에 맞추게 되었을 겁니다. 기뻐하는 상대방을 보며 당신이 더 행복하고 즐거웠고요.

할아버지나 할머니는 손주와 연애에 빠진 사람들입니다. 옳고 그름을 가르치는 사람들이 아니라, 손자와 손녀 때문에 눈에 콩깍지가 씌워진 사람들인 거죠.

아이도 크면서 점차 깨닫게 됩니다. 자신에 대한 할아버지와 할머니의 역할과 엄마인 당신의 역할이 다르다는 것을요. 할아버지와 할머니는 자신을 무조건 감싸 안아 주고 푸근하게 보듬어 주는 존재라는 걸 알게 됩니다. 마치 부모처럼 할아버지와 할머니가 아이를 훈육하고 가르치면, 아이의 마음이 힘들어질 수 있어요. 마음을 기댈 수 있는 든든한 지원군이 없어지는 것이니까요.

아이는 당신 혼자 키우는 것이 아닙니다. 아이 주변에는 아이를 사랑하는 가족들이 있지요. 할아버지와 할머니, 이모와 삼촌, 사촌형제자매들 그리고 아이의 부모인 당신과 배우자, 각자의 역할이 모두 다릅니다. 엄마인 당신은 당신의 역할을 하는 게 맞습니다. 아이에게 좋은 역할만 하는 할아버지와 할머니의 역할을 부러워할 필요가 없어요. 당장은 아이가 그런 할아버지와 할머니를 더 좋아하는 것 같더라도 너무 개의치 마세요. 아이는 자라나면서 다양한 사람들과 애착 관계를 형성해 나갑니다. 이는 지극히 정상적인 현상이에요. 애착을 형성하는 사람들의 수가 넓고 범위가 커질수록 아이는 더 행복하고 안전하게 커 나갈 거예요. 당신과 아이 간 애착 관계에는 아무 문제가 없습니다. 염려 마세요.

맨날 무섭대요.
유난히 겁이 많아요

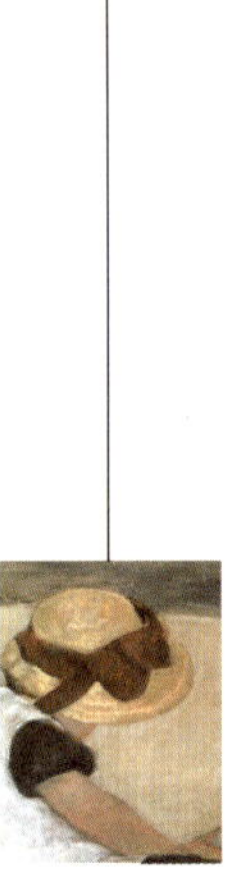

저는 어릴 때 별명이 겁보였어요. 눈이 커서 겁이 많다고 가족들이 자주 놀렸지요. 그런데 제 아이도 저랑 똑같아요. 벌레만 보면 소리를 지르며 펄쩍펄쩍 뛰고요, 멀리서 강아지만 봐도 제 뒤로 숨으며 울먹여요. 그렇지 않아도 겁이 많은 제 성격이 마음에 안 드는데, 아이까지 이러니 속상해요.

세상에 대한 경험이 아직 적은 아이들의 경우, 두려움의 감정이 쉽게 생깁니다. 어린 만큼 처음 접하는 대상이나 물건 그리고 낯선 상황들이 많기 때문이지요. 물론 아이의 성향에 따라 새로운 것에 대한 반응이 다르긴 해요. 그러나 일반적으로 처음 접하는 것들에 두려움을 느낍니다. 그 감정의 정도와 표현하는 강도가 아이마다 조금씩 다를 뿐이죠.

나이가 들수록 "더 이상 두려울 게 없다."고 이야기하는 분들이 종종 있습니다. 감정전문가의 입장에서 보기에 전적으로 맞는 이야기입니다. 인생을 살면서 다양한 경험을 했다는 건, 그만큼 다양한 상황 속에서 수많은 감정들을 이미 겪어 보고 경험했다는 의미지요. 경험한 상황과 그것을 반복하는 횟수가 많을수록 세상과 타인에 대한 두려움이 없어집니다. 그러니 아직 어린아이들이 낯선 사람, 낯선 장소, 처음 보는 대상을 두려워하는 건 너무나도 당연합니다.

두려움은 원시시대부터 인류가 진화해 오면서 인간의 마음속에 그대로 전해 내려오는 감정입니다. 원시시대에 적이나 맹수를 만났을 때 생기는 대표적인 감정이 두려움이죠. 예를 들어 볼게요. 동물원에 가서 우리 안에 갇힌 맹수를 본 적이 있나요? 어떤 느낌이 들었나요? 타오르는 듯한 맹수의 눈, 나무 그늘 속에서 천천히 움직이는 뱀이나 악어의 모습을 보면서 순간 등골이 오싹해졌을 거예요. 사실 우리가 일상생활에서 맹수나 뱀을 만날 일은 거의 없습니다. 깊은 산 속에 들어가거나 동물원에 가지 않는 이상 도시에서는 특히 그렇지요. 대부분의 사람들은 뱀에 물려 본 기억도, 길을 가다가 악어를 맞닥뜨린 기억도 없습니다. 따라서 뱀이나 악어 때문에 무서웠던 경험이 없는 현대인들은 그것들의 존재에 두려움을 느끼지 않아야 정상입니다.

하지만 보는 것만으로도 이상하게 두렵고 온몸이 움츠러들면서 한기가 느껴져요. 왜냐하면 앞에서도 설명했듯이 두려움은 인간에게 유전되는 대표적인 감정들 중 하나이기 때문입니다. 모든 인류가 공통적으로 느끼는 일반적 감정이기도 하고요. 연구에 따르면 아이들은 생후 5~7개월이면 두려움을 느끼게 됩니다. 주로 천둥 번개, 낯선 사람, 빛이 없는 깜깜한 곳 등을 두려워하죠.

이처럼 일반적으로 아이들이 무서워하는 것들이 있긴 하지만, 두려움을 느끼는 대상이나 상황은 사람마다 각기 다릅니다. 개구리를 보고 신이 나서 잡으려고 쫓아다니는 아이가 있는 반면에 무섭다고 소리 지르며 엄마에게 매달리는 아이도 있죠. 그리고 두려움의 대상은 부모를 보면서 배우게 되는 경우가 많아요. 부모가 벌레를 무서워하면 아이도 벌레를 무서워할 확률이 높아지는 거죠.

영진 씨는 어릴 때부터 곤충이나 벌레를 보면 집이 떠나가라 소리를 지를 만큼 싫어했습니다. 초등학교 때 곤충채집 숙제가 있을 때면 엄마가 대신 잡아 주었지요. 그러나 영진 씨는 곤충을 잡아 넣어 둔 채집통 손잡이도 무서워서 제대로 잡지 못했어요. 그런 영진 씨를 보면서 어른들은 "눈이 커서 겁도 많구나."라고 말하곤 했습니다.

어른이 되어 결혼을 한 후에도 영진 씨는 벌레 한 마리 잡지 못했습니다. 어쩌다 벌레를 발견하면 "꺅!" 소리를 지르며 남편을 불렀습니다.

"빨리 와서 저거 잡아 줘! 빨리빨리!"

남편이 조금이라도 늦게 달려오면 영진 씨는 금방이라도 숨이 넘어갈 듯 난리를 쳤습니다. 어느덧 아이가 태어나고, 아이는 영진 씨를 닮아 눈망울이 크고 순해 보였어요. 그런데 정말 눈이 큰 아이가 겁도 많은 것인지, 아이는 영진 씨처럼 벌레를 보면 무섭다고 울기부터 했습니다. 심지어 눈에 잘 보이지도 않는 개미가 기어가는 것만 봐도 징그럽다며 두 발을 번쩍 들고 영진 씨에게 매달렸지요.

"이거 개미잖아. 이렇게 작은데, 뭐가 무섭다고 그래."

아무리 설명해 줘도 아이는 곤충을 소개한 책도 만지지 않을 만큼 곤충이라면 진저리를 쳤습니다. 영진 씨는 겁이 많은 자기의 성격이 싫었는데, 아이까지 이러니 자꾸 짜증이 났습니다.

"이런 건 닮지 않아도 되는데, 왜 이런 걸 닮아가지고!"

두려움도 보고 배워요

아이는 겁이 많은 영진 씨의 성향을 유전적으로 물려받았을 수도 있지만, 엄마인 영진 씨의 행동을 보고 후천적으로 배웠을 확률이 더 큽니다. 왜냐하면 영진 씨가 싫어하는 곤충과 벌레들을 똑같이 싫어하니까요. 부모는 아이에게 유전적으로 성격과 성품을 물려줄 수 있습니다. 하지만 유독 벌레를 무서워하고 벌레를 봤을 때 하는 행동이 엄마와 똑같은 건 자라면서 엄마의 태도와 행동을 보고 배웠기 때문이에요.

영진 씨가 이런 아이의 행동을 바꿔 주고 싶다면 당연히 본인의 행동부터 달라져야 해요. 아이는 매순간 엄마의 행동을 관찰하면서 배우고 있으니까요. 하지만 말이 쉽지, 싫은 걸 좋은 척하기는 매우 어렵습니다. 그래서 영진 씨보다는 남편이 대신 아이에게 곤충(벌레)에 대한 선입견을 바꿔 주는 것이 더 좋습니다. 곤충을 친근하게 의인화한 그림책을 보여 주거나, 곤충이 주인공으로 나오는 애니메이션을 보여 주는 것도 좋은 방법입니다. 곤충에 대한 두려움이 어느 정도 약해졌다면 곤충 박물관이나 체험관에 데려갈 수도 있겠지요.

두려움은 앞에서 이야기한 것처럼 자신의 생존을 위협받았을 때 자연스럽게 발생하는 감정인 만큼 갑작스럽거나 무리한 경험은 오히려 두려움의 감정을 더욱 증폭시키게 됩니다. 아주 조금씩, 천천히 아이에게 두려움의 대상을 접하게 해주세요. 그래도 여전히 아이가 싫다고 하면 더 이상 강요하지는 마세요. 누구나 무서워하는 것, 싫어하는 것들이 있으니까요. 정말 심각한 것만 아니라면 그런 대상을 갖고 있다고 해서 살아가는 데 큰 지장이 있는 건 아닙니다.

아이가 두려워하는 대상은 벌레뿐만이 아니라 어둠, 개, 고양이, 자동차, 낯선 사람일 수도 있습니다. 대상에 상관없이, 아이가 자연스럽게 두려워하는 대상에 익숙해질 수 있도록 시간을 두고 기다려 주세요.

저랑 떨어지는 걸
못 견뎌 해요

아이가 올해 초등학교 1학년에 입학했어요. 그런데 학교에 갈 때마다 울고불고 난리예요. 학교에 가기 싫은 것보다는 저랑 떨어지는 걸 힘들어해서지요. 교실에 들어가면서도 수업이 끝날 때쯤 꼭 문 앞에서 기다리고 있으라고 열 번도 넘게 신신당부해요.. 태권도 학원에 가도 보이는 입구 쪽에 서서 기다리라고 하고요. 제가 잠시라도 안 보이면 불안해해요. 밤에 잘 때도 침대에서 같이 자야 하지요.

이제는 엄마 없이도 혼자서 생활할 수 있을 나이가 된 것 같은데, 여전히 엄마를 찾는 아이들이 있습니다. 엄마 없이는 잠도 잘 못 자고, 잠에서 깨어나 엄마가 안 보이면 바로 울기부터 합니다. 엄마가 늦어서 유치원이나 학교 수업이 끝났는데도 정문 앞에 모습을 보이지 않으면, 불안해서 어쩔 줄 몰라 하죠. 가족끼리 밥을 먹으러 가도 엄마 바로 옆자리에 붙어 앉고, 자동차에 타면 엄마 손부터 붙잡습니다.

그런 아이를 보고 있으면 엄마인 나에게 온전히 의지해 주고 있다는 생각에 은근히 기분이 좋기도 하고 뿌듯하기도 하지만, 이렇게 연약해서 세상을 어떻게 살아갈까 한없이 안쓰러워집니다. 이와 동시에 우리 아이가 괜찮은 것인지도 걱정됩니다. 엄마가 눈에 보여야 안심을 하는 아이의 행동에 무슨 문제가 있는 건 아닐까 해서 말이죠.

은빈 씨는 30대 중반에 귀여운 아들을 얻었습니다. 아이가 생기지 않아서 오랫동안 병원에 다녔는데, 다행히 임신을 하여 출산했지요. 은빈 씨가 워낙 민감하게 아이의 원하는 바를 잘 읽어 줘서인지 어릴 때부터 아이는 유독 엄마를 잘 따랐습니다. 다 같이 가족이 모여 있는 자리에서도 항상 엄마 무릎 위에 앉았지요. 물론 은빈 씨도 그런 아이가 무척이나 애틋하고 사랑스러웠습니다.

보다 못한 집안 어르신들이 "애가 저렇게 엄마한테 달라붙어 있으니 어찌할꼬……." 하며 혀를 쯧쯧 찰 정도로, 아이의 엄마 사랑은 유난스러웠습니다. 아이는 말 그대로 '엄마바라기'입니다. 마치 해바라기가 태양을 따라 움직이듯이 아이의 시선은 거의 대부분 엄마를 향해 있었습니다. 엄마가 부엌으로 가면 부엌으로 따라가고, 밖에 잠시 나가려는 듯 신발을 신으면 자기도 급하게 신발을 꿰어 신었습니다. 혹시라도 엄마를 놓칠까 봐 서두르느라 신발을 짝짝이로 신고 따라나설 때도 있었죠. 그때까지만 해도 은빈 씨는 그 나이 또래 아이들이 대부분 '엄마 껌딱지'라고 하니, 그냥 그 정도인 줄로만 알았습니다.

은빈 씨에게 걱정이 생긴 것은 아이가 초등학교에 들어가면서부터였습니다. 다른 아이들은 선생님의 말씀을 따라 활동에 참여하고 친구들과 잘 어울리는데, 아이는 수업에 영 집중을 못하는 것처럼 보였습니다. 엄마가 갔는지 확인하느라 끊임없이 교실 창문 밖을 힐끗거렸지요. 아이는 유치원에 다닐 때도 비슷한 행동을 보였습니다. 유치원 수업이 진행되는 동안 엄마를 밖에서 기다리게 한 거였죠. 물론 은빈 씨는 단호한 태도를 취하는 것이 좋다는 누군가의 조언을 듣고, 그렇게도 해보았습니다.

"오늘부터 엄마는 집에 갔다가 끝날 때 너를 데리러 올 거야."

이렇게 말하고는 그대로 집에 와버렸습니다. 하지만 그날 아이는 온몸에 두드러기가 날 정도로 종일 유치원에서 울었답니다. 너무 울어서 얼룩덜룩해진 아이의 얼굴을 보며, 은빈 씨는 다시는 이런 식의 방법은 사용하지 않겠다고 결심했습니다. 그 이후부터는 아이가 원할 때까지 유치원 교실 밖에 앉아 있었습니다. 물론 시간이 지나면서 유치원 환경에 적응해가더니 몇 달이 지나자 더 이상 은빈 씨를 세워 두지 않게 되었지요. 하지만 여전히 엄마와 헤어지는 순간마다 예민한 반응을 보였습니다.

은빈 씨는 자신의 과잉 보호로 아이가 이런 행동을 하는 것이 아닐까, 혹은 자신이 엄마로서 아이에게 신뢰를 주지 못해 그런 건 아닐까 몹시 걱정되었습니다. 초등학교에 입학해서도 비슷한 행동을 보이는 아이가 정말 괜찮은 것인지 모르겠습니다.

다른 아이와 다르다고 걱정하지 마세요

대개 분리 불안은 다섯 살 이전의 아이들에게서 나타나는 경우가 많습니다. 하지만 다섯 살이 넘은 아이들도 새로운 환경에 놓이거나 급격한 주변 변화 등을 겪게 되면, 편안하고 의지했던 대상과 떨어지는 것에 대해 불안함을 느끼게 됩니다. 그러다 보니 대개 엄마와 떨어지는 걸 싫어하죠.

집에만 있던 아이에게 어린이집(유치원)은 낯선 사람들로 가득한 생전 처음 보는 세계입니다. 당연히 아이의 마음은 불안해질 수밖에 없어요. 누구나 익숙한 장소에 있을 때 마음이 편안해지니까요. 아무리 아이에게 "어린이집에 가면 장난감도 많고, 같이 놀 친구도 많아. 거긴 재미있는 곳이야."라고 말을 해줘도, 어느 정도 시간이 지날 때까지 아이에게 그곳은 불안하고 불편한 장소일 뿐입니다.

사실은 우리 모두가 그렇습니다. 멋지고 비싼 호텔 방이라 해도 결국 내 집, 내 침대, 내 베개만큼 편안하고 잠이 잘 오는 곳은 없으니까요. 익숙한 장소가 내 마음의 긴장을 풀어 줍니다.

앞에서도 설명했지만, 우리가 일생을 살면서 제일 처음 강한 스트레스와 맞닥뜨리는 순간이 바로 초등학교 입학 때입니다. 초등학교는 지금까지 아이가 경험했던 곳들과는 분위기가 완전히 다르거든요. 기본적으로 유치원은 6세 미만의 어린이를 돌보고 기르는 시설이라서 엄마 대신 어린아이들을 양육하는 개념이 강하지요. 유치원은 독일의 교육자 프뢰벨이 1837년에 처음 만든 시설로, 초등학교 입학 전에 아이들의 심신 발달을 위해 만들어졌습니다. 간단한 글자, 글쓰기 등을 가르치기도 하지만 일반적으로 음악, 미술, 놀이 등에 더 많이 집중해요.

그런데 초등학교는 다릅니다. 지금까지 아이가 경험했던 곳들과는 차원이 달라요. 정해진 시간이 되면 돌아다녀서는 안 되며 40분 동안은 의자에 앉아 있어야 하죠. 항상 놀아 주고 돌봐 주던 유치원 선생님과도 분위기부터 말투, 역할도 다릅니다. 학교 선생님은 보육이 아닌 교육이 역할이니까요. 또 한 반에서 함께하는 친구들의 숫자도 유치원 때보다 훨씬 많습니다. 어쩔 수 없이 선생님과의 소통 역시 줄어들지요. 이런 많은 차이에 대해 직접 말을 하진 못하지만 아이는 충분히 피부로 느낍니다. 당연히 마음이 무겁고 불안해지죠.

이런 상황에 놓인 아이에게 어떻게 해주면 좋을까요? 저는 아이가 힘들 때는 엄마가 무조건 양보해 주어야 한다고 생각해요. 아이에게 더 많이 맞춰 주는 거죠. 아이의 마음이 불안하고 흔들리고 있다면, 그 마음부터 진정시키는 것이 우선입니다. 버릇을 잡겠다고 엄하게 대하기보다 아이의 마음을 헤아리고 받아 주세요.

대부분의 아이들은 어느 정도 시간이 지나면 새로운 환경에 적응을 합니다. 다만 부모가 조바심을 내면서 '남들은 잘 적응하는데 얘는 왜 이러지.'라고 걱정을 하면, 오히려 부모가 가진 불안의 파장이 아이에게 전달되어 더욱 흔들리게 됩니다. 새로운 환경에 접했을 때 빨리 적응하는 아

아이의 마음이 불안하고 흔들리고 있다면,
그 마음부터 진정시키는 것이 우선입니다.
버릇을 잡겠다고 엄하게 대하기보다
아이의 마음을 헤아리고 받아 주세요.

이가 있는가 하면 적응이 느린 아이도 있습니다. 성향에 따라 다릅니다. 그리고 이 역시 좋고 나쁜 건 없습니다.

아이가 껌딱지처럼 엄마에게 달라붙으며 분리불안을 보인다면, 엄마부터 마음의 여유를 가져 주세요. 좀 더 너그럽게 아이를 대하며 기다려 주세요. 인생 전체를 놓고 볼 때 그리 긴 시간도 아닌데, 다른 아이와 비교하며 적응을 못 하는 건 아닌지 걱정하며 마음 졸이지 마세요. 불필요한 기우니까요.

아이 주변에
친구가 없어요

어릴 때부터 활발했던 저와는 달리 아이는 차분하고 내성적이에
요. 그래서인지 친구 사귀는 걸 힘들어해요. 시간도 오래 걸리고
요. 어쩌다 어린이집에 가보면, 우리 아이만 무리에서 따로 떨어져
장난감을 가지고 놀거나 책을 보고 있어요. 그럴 때마다 많이 속상
하죠. 저러다가 학교 들어가서 따돌림을 당하는 건 아닐까 싶기도
하고요……

우리는 살면서 늘상 이런 말을 들어왔습니다.

"난 너랑은 달라!"

"난 나야. 네가 좋아하는 걸 강요하지 마!

사람마다 성향이 다른 건 당연한 것이라고 대개 생각합니다. 하지만 막상 나와 다른 성향을 보이는 가족이나 내 아이에 대해서는 다름을 인정하기가 쉽지 않습니다.

제가 어렸을 때의 일입니다. 하루는 친구들이 저에게 어떤 일을 함께하자고 강요하더군요. 그때 친구들에게 이렇게 말했던 기억이 납니다.

"너희들은 좋을지 몰라도 난 싫어."

친구들이 즐거워하고 좋아했던 일이지만, 저에게는 힘든 일이었거든요. 그때 친구가 함께하자고 제안한 것은 피구였습니다. 친구들 몇 명이 모여서 편을 갈라 피구 시합을 하려고 하는데, 인원이 애매해서 편을 가를 수 없었던 모양입니다. 마침 저만 합류하면 딱 양 팀 인원 수가 맞았던 거죠. 그런데 저는 어릴 때부터 공을 무서워했습니다. 특히 피구할 때 상대방 아이가 저를 맞히려고 눈을 부라리며 공을 높게 쳐들 때엔 정말이지 어디론가 사라져 버리고 싶을 만큼 싫었습니다. 그래서 체육 시간에 피구를 하면 양호실로 종종 피신을 가기도 했습니다. 그들에게는 신나는 놀이였지만 저에게는 고역이었던 피구를, 함께하자고 강요하는 친구에게 제가 화를 냈던 기억이 지금도 선명합니다.

성격이 활발한 엄마는 왜 아이가 그토록 친구들과 함께 노는 것을 꺼려하고 어려워하는지 이해가 되지 않습니다. 왜냐하면 당신에게 친구란 심심함을 달래 주고 즐거움과 행복을 주는 존재니까요. 그런 존재를 마다하고 혼자서 장난감을 가지고 놀거나 방 귀퉁이에 앉아 책장을 넘기는 아이를 이해할 수가 없지요.

선영 씨는 어릴 적부터 반장과 부반장을 놓친 적이 거의 없었습니다. 딱히 공부를 잘해서라기보다 아이들을 끌어당기는 매력이 있었거든요. 초등학교 때부터 선영 씨의 주변에는 친구들이 많았어요. 학교 수업을 마치고 하교할 때 갑자기 소나기가 내리면 학부모들은 얼른 우산을 챙겨 학교 앞으로 아이를 데리러 오곤 했는데, 선영 씨 어머니는 그런 적이 거의 없었다고 합니다. 왜냐하면 선영 씨는 비를 맞고 집에 오는 경우가 없었으니까요. 우산 밑 정중앙을 차지하고 친구들 사이에 딱 붙어서 비 한 방울 맞지 않고 집에 돌아오곤 했거든요. 수단도 좋았고, 친구들 사이에서 인기도 많았죠. 그래서인지 선영 씨는 방학식보다는 개학식을 더 좋아했다고 말했습니다.

"교수님, 저는요, 방학만 되면 빨리 개학했으면 하고 바랐어요. 얼른 학교 가서 친구들을 만나 수다도 떨고 같이 놀고 싶었거든요."

그런데 선영 씨의 아이는 엄마와는 영 딴판이었습니다. 사람이 많은 곳에 가면 짜증을 내며 금세 지치고 피곤해했습니다. 특히 또래 아이들이 많은 곳에 데려가면 함께 어울려 놀지 않고 멀찌감치 떨어져서 아이들을 바라보거나 엄마 손만 잡고 있기 일쑤였죠. 보다 못해 같이 놀으라고 등을 떠밀면, 뒤돌아서 화를 내며 엄마에게 달려들었습니다.

집에서도 마찬가지였습니다. 여느 아이들처럼 거실을 뛰어다니는 일은 거의 드물었습니다. 대부분은 침대에 앉아서 인형놀이를 하거나 좋아하는 그림책을 보는 게 전부였죠. 밖으로 나가 놀이터에서 놀 때도 뛰어다니기보다는 모래놀이를 하거나 주변의 꽃들을 만지며 혼자 놀 때가 많습니다.

그런 아이를 볼 때마다 선영 씨는 가슴이 답답했습니다. 저러다가 초등학교에 가서 왕따를 당하는 건 아닐지 마음이 불안했지요. 왜 저렇게 힘도 없고 씩씩하지 못한 건지, 어떨 때는 화가 치밀어 올랐습니다.

당신과 다르다고 혼내지 마세요

사실 세 살 이전의 아이들은 다른 아이들과 어울려 놀기보다는 혼자 노는 경우가 더 많습니다. 같은 공간에서 놀긴 하지만, '함께'가 아닌 '각자' 노는 거지요. 이것을 '평행놀이' 또는 '병행놀이'라고 합니다. 아이는 가끔씩 옆에서 노는 아이를 바라보기도 하고, 놀이 방법을 따라 하기도 하지요.

그런데 아이가 어느 정도 컸는데도 여전히 행동이 비슷하다면, 그건 아이에게 문제가 있다기보다 아이의 성향 때문일 수도 있습니다. 처음에 언급했듯이 사람의 성향은 각기 다릅니다. 특히 선영 씨의 성향과 아이의 성향은 분명히 달라 보입니다. 성향은 좋은 성향, 나쁜 성향으로 양분할 수 없습니다. 저마다 강점과 약점을 모두 동시에 가지고 있거든요. 그런데 선영 씨처럼 엄마가 활발하고 외향적인 성향인 경우, 그렇지 않은 자신의 아이를 답답해하고 닦달하게 되지요.

"애가 왜 이렇게 만날 힘이 없어?"

"가서 얼른 친구들이랑 놀아. 혼자서 뭐 하는 거야."

외향적인 엄마는 아이에게 적극적으로 행동할 것을 요구합니다. 밖에 나가 활발하게 뛰어 놀라고 말하죠. 하지만 아이는 일부러가 아니라 그렇게 할 수 없어서 안 하는 것입니다. 엄마에게는 즐거운 일이 아이에게는 고통인 거죠.

대다수 부모들이 아이에게 바라는 성향과 성격이 있습니다. 부모들은 자신의 아이가 사람들과 잘 어울리고 친구들에게 인기가 많으며 발표 시간이면 적극적으로 손을 들어 의견을 말하는 등 언제나 자신감이 넘치기를 원합니다. 그런 아이가 이 세상을 잘 살아갈 수 있을 거라 생각하기 때문이죠. 그런데 이런 외향적인 성향이 긍정적인 작용을 하는 상황이나 직업이 있는 반면 오히려 도움이 되지 않는 경우도 있습니다.

활발하고 에너지가 넘치는 성향은 차분하게 연구에 집중하여 깊이 파고드는 IT 분야나 연구직에 적합하지 않을 수도 있습니다. 오랫동안 가만히 책상에 앉아 있는 것이 힘들거든요. 에너지가 많아 몸에 힘이 넘치기 때문에 이를 소모할 수 있는 적극적인 활동과 행동을 해야 합니다. 이런 성향은 외부 활동이나 사람과의 접촉이 많은 직업 혹은 창의적인 결과물을 만들어 내는 분야에 적합할 수 있어요.

한편 조용하고 차분하며 생각이 깊어 행동이 느린 성향의 경우, "아이고, 속 터져." "좀 빨리빨리 할 수 없니?" 하며 잔소리를 종종 듣게 됩니다. 하지만 그만큼 오랜 시간 집중하는 데 탁월하고 실수 없이 꼼꼼하게 일을 처리합니다. 숫자를 검토하거나 분석하고, 신중한 의사결정을 내려야 하는 직업에서는 빛을 발하죠. 사람들을 만나 협상하거나 움직임이 많은 직업을 가질 경우 쉽게 피곤해하지만요.

엄마인 당신과 다르다고 해서 혼내지 마세요.
답답해하거나 걱정할 필요도 없습니다.
달리 생각해 보면 아이는 당신이 갖고 있지 않은
강점을 가지고 있는 겁니다.

좋은 성향, 나쁜 성향이라는 것은 어떤 환경이 주어지느냐, 어떻게 바라보느냐에 따라 달라질 수 있습니다. 그러니 엄마인 당신과 다르다고 해서 혼내지 마세요. 답답해하거나 걱정할 필요도 없습니다. 달리 생각해 보면 아이는 당신이 갖고 있지 않은 강점을 가지고 있는 겁니다. 당신이 지금까지 살아오면서 스스로에게 가졌던 아쉬움들, 예를 들어 '왜 나는 침착하지 못할까, 왜 나는 꼼꼼하지 못할까, 왜 나는 허둥댈까, 왜 나는 행동부터 앞서는 걸까?' 하는 고민들을 상쇄시키는 강점을 아이가 가지고 있는 거죠.

성향은 쉽게 바뀌지 않습니다. 그러니 아이를 개선시키기 위해 억지로 밀어붙이고 강요하기보다, 그것을 강점으로 볼 수 있도록 당신의 시각을 바꾸어 보세요.

"내 아이를 알게 되면,
아이의 감정을 더욱 잘 이해할 수 있어요"

엄마들에게 아이에 대한 질문들을 해보면 답이 일사천리로 나옵니다. 아이가 좋아하는 장난감, 요즘 관심 있어 하는 물건, 애니메이션, 잘 먹는 음식, 잘 노는 친한 친구, 흥미를 보이거나 재능이 있어 보이는 활동 등.

그런데 이러한 것들을 아는 것에서 그치지 않고, 여기서 더 나아가 내 아이가 왜 그러한 것들을 좋아하는지에 대해 생각해 보고, 이를 아이의 성향과 연결시킬 수 있다면 더욱 좋을 것입니다. 내 아이의 성향을 정확히 알면 아이의 강점을 살려 제대로 이끌어 줄 수 있을 테니까요.

더군다나 내 아이를 자세히 관찰하고 행동이 의미하는 바를 깨달아 가다 보면, 아이가 느끼는 감정들이 엄마의 눈에 보이기 시작합니다. 아이의 감정을 읽을 수 있다면 당연히 아이의 감정을 보다 현명하게 다룰 수 있겠지요.

좋아하는 물건이나 활동, 음식	아이의 성향을 파악하는 질문	엄마의 생각 또는 결론
〈뽀로로〉에 나오는 루피	"왜 루피가 좋은데?" "루피의 어떤 점이 마음에 들어?"	친구들을 자상하게 보살 피고 맛있는 음식을 가져 다주는 루피가 '좋은 아 이'라고 생각하는 듯함.
미술, 그리기	"그림을 그릴 때 기분이 어때?" "왜 그런 기분이 들까?"	자유롭게 색깔을 골라서 칠하는 활동이 긴장을 풀 어 주고 편안하게 만들어 주는 듯함.
수박	"수박을 보면 어떤 생각이 들어?" "수박의 어떤 맛이 좋은 건데?"	물이 많은 과일을 좋아하 는 듯함. 평소에도 갈증을 자주 느끼는 편임.
주황색	"주황색을 보면 어떤 느낌이 들어?" "주황색을 보면 떠오르는 사람이나 물건, 장소가 있어? 왜 그런데?"	밝고 에너지가 넘치는 색깔들을 선호함. 사소한 일에도 즐거운 감정을 잘 느낌.

거짓말하면서
내 눈치를 살펴요

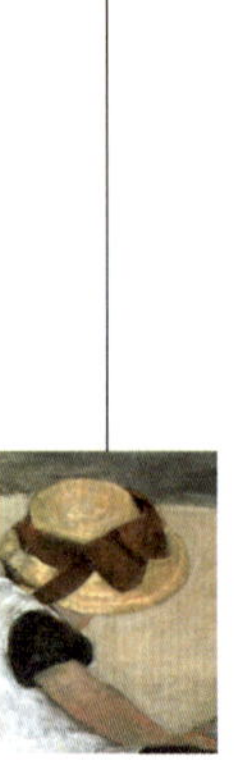

아이가 자꾸 거짓말을 해요. 솔직하게 말하라고 하는데도 자꾸만 저를 속여요. 제가 교육을 잘못시킨 걸까요, 아니면 인성적으로 아이에게 문제가 있는 걸까요? 뻔히 들통날 거짓말을 하고 있는 아이를 보면 화가 나서 죽겠어요.

거짓말이라는 단어를 국어사전에서 찾아보면 "사실이 아닌 것을 사실인 것처럼 꾸며 대어 말을 하는 것"이라고 나옵니다. 당신은 지금까지 살면서 거짓말을 해본 적이 있나요? 혹시 지금까지 누군가에게 거짓말을 해본 적이 단 한 번도 없나요? 이렇게 묻는다면 아마 당신은 "당연히 거짓말을 해본 적이 있다."고 답할 것입니다. 그것도 한두 번이 아니라 셀 수 없을 만큼 많이요.

전설적인 감정전문가이자 《타임》이 선정한 세계에서 가장 영향력 있는 100인 중 한 명으로 꼽힌 폴 에크먼 박사는 거짓말에 대해 이렇게 말합니다.

"거짓말이란 한 사람이 고의적으로 다른 사람을 속이는 것."

폴 에크먼 박사는 그의 저서 『텔링라이즈』에서 아이들 및 성인들을 대상으로 실시한 설문 조사를 통해 사람들이 거짓말을 하는 아홉 가지 주요 동기에 대해 설명했습니다.

1. (가장 흔한 동기로서) 처벌을 피하기 위해

2. 원래대로라면 얻을 수 없는 상을 얻기 위해

3. 다른 사람이 처벌 받지 않도록 보호하기 위해

4. 외부의 위험으로부터 스스로를 지키기 위해(예를 들어 혼자 있을 때 택배나 배달기사가 오면 순간 두려움을 느끼고 다른 방에 사람이 있다고 말하는 경우)

5. 존경받기 위해

6. 어색한 상황에서 빠져 나오기 위해(예를 들어 막 나가려던 참이라고 하며 전화를 끊는 경우)

7. 수치심을 느끼지 않기 위해

8. 자신의 프라이버시를 지키기 위해(예를 들어 오줌을 싸고는 물을 엎질렀다고 둘러대는 경우)

그런데 이 아홉 가지 동기들 중에서도 사람들은 주로 언제 거짓말을 하게 될까요? 폴 에크먼 박사는 두 가지 동기에 대해 설명했습니다. 그중 하나가 바로 솔직히 이야기했을 때 큰 벌을 받게 될 경우입니다.

보경 씨는 평소 아이에게 절대로 과자를 먹어서는 안 된다고 말해 왔습니다. 아토피가 있기 때문이에요. 그런데 아이가 유치원에서 친구들과 과자를 먹고 왔습니다. 심지어 엄마가 먹으면 안 된다고 강조했던 초콜릿까지 먹었지요. 아이의 옷을 옷걸이에 걸다가 주머니에서 빈 과자봉지를 발견한 보경 씨는 서슬이 퍼래져서 아이에게 물었습니다.

"혹시 너 오늘 과자 먹었니?"

순간 아이의 얼굴이 굳어졌습니다. 바로 대답하지 못하고 엄마의 눈치를 살폈습니다.

"엄마가 묻는 말에 얼른 대답해! 먹었어, 안 먹었어?"

여전히 아이는 망설였습니다. 아이도 거짓말이 나쁘다는 것 정도는 알고 있어요. 하지만 엄마에게 솔직하게 말했다가는 엄청나게 혼날 거라는 사실도 알았습니다. 아이는 두려움을 느꼈습니다. 거짓말이 나쁜 것이긴 하지만, 엄마에게 벌을 받거나 꾸중을 듣는 것보다는 거짓말이 낫겠다는 결정을 내렸습니다. 아이는 애써 태연한 척하며 "아니! 나 안 먹었는데!" 하고 잡아뗐습니다.

보경 씨는 아이 주머니에서 발견한 과자봉지를 아이의 눈앞에서 흔들어 대며 목소리를 높이기 시작했습니다.

"네 주머니에서 과자봉지 나왔거든! 너 거짓말할 거야?"

목소리가 한층 높아진 엄마의 얼굴을 보자, 아이는 더욱 겁에 질렸습니다. 이러다간 정말 엄마한테 크게 혼이 날 수도 있겠다는 생각이 들자, 아이는 새로운 거짓말을 덧붙였습니다.

"그거 아까 친구가 장난으로 내 주머니에 넣어 놓은 거야. 난 들어 있는지도 몰랐다고!"

보경 씨는 순간 멈칫했습니다. 아이를 믿어 주지 못하고 거짓말쟁이로 몰아붙이고 있는 건 아닌가 걱정이 되었습니다. 아이를 믿고 싶은 마음도 이에 합세했지요. 주춤하는 엄마의 표정을 본 아이는 자신의 거짓말이 통하기 시작했다는 걸 본능적으로 알아차렸습니다. 그리고 더 정교한 거짓말을 시도했죠.

"정말이라니까! 엄마는 왜 잘 알지도 못하면서 화부터 내?"

"정말이야? 엄마가 거짓말을 제일 싫어하는 거 알지?"

"거짓말 아니라고! 엄마도 민수 알잖아. 걔가 넣었다니까!"

아이는 주먹을 불끈 쥐며 말했습니다. 아이의 거짓말은 점점 더 구체화되었습니다. 이번 경험을 통해 아이는 마음속으로 한 가지 교훈을 얻게 되지요. 솔직하게 말해서 혼이 나기보다 거짓말을 해서 그 상황을 넘기는 게 훨씬 낫다는 것을요.

아이에게 거짓말을 가르치는 엄마

아이의 거짓말과 관련해서 상담을 하다 보면 안타까운 경우가 많습니다. 보경 씨를 비롯한 많은 엄마들이 아이가 거짓말을 할 수밖에 없는 상황으로 아이를 몰고 가기 때문입니다. 솔직히 말하라고 하지만 아이가 정말 솔직하게 말하고 나면 대개는 크게 혼을 내죠. 거짓말하지 말라고 으름장 놓는 엄마의 눈에서는 대부분 강렬한 레이저가 뿜어져 나옵니다. 그런 상황에서 솔직하게 말할 수 있는 아이가 얼마나 있을까요? 어른들도 솔직해지기 어려울 거예요.

아이가 습관적으로 거짓말을 하지 않도록 지도하고 싶나요? 그렇다면 '솔직하게 말하면 엄마가 용서해 준다'는 메시지를 명확하게 전달하세요. 그리고 정말로 아이가 솔직하게 말했을 때는 그냥 눈감아 주세요. 물론 잔소리도 금물이지요.

"거짓말하지 않고 솔직히 말해 줘서 고마워. 약속대로 엄마가 혼내지 않을 거야. 하지만 그런 행동이 나쁘다는 것만은 알아야 해."

이 정도면 충분합니다. 아이로 하여금 두려움 때문에 솔직함 대신 거짓말을 선택하지 않도록 엄마가 도와줘야 합니다.

폴 에크먼 박사는 거짓말을 하는 또 다른 주된 동기로 상대방을 속이는 것이 재미있고 즐거운 경우를 꼽았습니다. 특히 어린아이들은 누군가를 속여서 골탕 먹이는 것에 재미를 느낍니다. 만우절 날이 되면, 어른이든 아이든 누군가에게 거짓말을 하고 상대방이 속아 넘어가면 "만우절이야~!"라고 통쾌한 듯 외치잖아요. 나쁜 목적을 가지고 의도적으로 상대방을 속이려고 하는 것이라기보다 일종의 장난이지요. 이렇듯 상대방에게 심각한 피해를 주는 것이 아니라면 거짓말을 했을지라도 크게 혼을 내지 말아 주세요. 한창 장난을 좋아하는 시기니까요. 단 허용되는 거짓말의 범위를 정확하고 분명하게 이야기해 주는 것은 중요하겠지요.

"아이의 거짓말을
시험하지 마세요"

엄마가 상황에 어떻게 대응하느냐에 따라 아이가 거짓말을 하지 않도록 예방할 수 있습니다. 엄마가 아이에게 거짓말을 하도록 만드는 경우와 그렇지 않은 경우들을 함께 살펴볼까요?

상황	거짓말을 부추기는 예	거짓말을 예방하는 예
엄마 몰래 아이가 먹었다는 걸 알았을 때	"너 혹시 과자 먹었니?"	"너 과자 먹었구나. 안 먹는게 좋은데……."
아이가 유리잔을 깬 걸 발견했을 때	"유리잔 깬 사람이 너니?"	"유리잔을 깨뜨렸구나. 다 치진 않았어? 다음엔 조심해야 해."

아이가 이미 저지른 행동과 잘못을 알게 되었다면, 알면서도 아이에게 되묻지 마세요. 아이가 내 앞에서 거짓말을 하나 안 하나 시험해 보고 싶다는 엄마들이 꽤 많습니다. 아이는 상황에 따라 거짓말을 할 수도 있고 안할 수도 있어요. 그런데 엄마가 다그치거나 아이가 당황할수록, 거짓말을 할 확률이 높아집니다. 그러니 엄마가 이미 알고 있는 상황이라면, 엄마가 알고 있다는 사실을 아이에게 바로 알려 주세요. 불필요한 거짓말을 하지 않도록 예방해 주세요.

6장

여전히 어여쁜 당신,
지금도 충분해요

"행복에 대한 권리는 간단하다. 불만 때문에
자신을 학대하지 않으면 삶은 즐거운 것이다."

버트런드 러셀(철학자)

열심히,
조금은 여유 있게

사람들은 마음속에 저마다의 바람들을 가지고 있습니다. 누구는 내 집을 장만하는 것이 소원이고, 또 다른 누구는 1년에 한 번은 꼭 해외여행을 간다는 바람을 가지고 있죠. 제 주변을 봐도 그래요. 제가 아는 후배는 60세가 되기 전에 아프리카 오지를 탐험하겠다는 계획을 갖고 있고, 예전에 함께 일했던 직장 동료는 제주도에 내려가 펜션을 하고 싶다는 꿈을 갖고 있습니다.

이렇게 사람마다 다양한 크고 작은 소원들을 가지고 있는데요, 이 가운데에서도 가장 간절하고 숭고한 소원 중 하나가 바로 '내 아이에게 좋은 엄마가 되고 싶다'는 것일 겁니다.

그런데요, 만일 당신이 아이에게 좋은 엄마가 되고 싶다는 바람을 가지고 있다면, 당신에게 해주고 싶은 말이 있습니다. 바로 "엄마 역할에 너무 몰두하지 마세요. 너무 열심히 하지 마세요."라는 말입니다. 그런 바람을 가지는 순간부터 당신은 그 바람으로부터 결코 자유로울 수가 없기 때문이죠. 이것은 당신에게도 아이에게도 결코 좋지 않습니다.

당신에겐 엄마라는 역할만 있는 건 아닙니다. 스스로를 돌볼 의무가 있고, 부모님과 배우자, 형제자매와 함께 더불어 살아가야 하며, 직장과 교회 등 기타 모임에서 수행해야 하는 역할 등이 있어요. 이처럼 당신에게 주어진 역할은 매우 다양합니다.

그런데 아이라는 하나의 대상, 엄마라는 하나의 역할에만 매달리고 집착하다 보면 삶의 균형이 깨지면서 다른 영역들에서 문제가 발생하기 쉽습니다. 그리고 좋은 엄마가 되겠다는 당신의 바람은 이상하게도 자꾸 어긋나게 되죠. 이렇게 되는 데에는 다 이유가 있습니다.

정신의학자 프랑클이 창시한 '역설 지향paradoxical intention'이라는 정신 치료술이 있습니다. 환자가 걱정하는 행동이나 상황이 일어나지 않도록 하는 대신에 오히려 염려하는 행동을 더 많이 하도록 부추겨 문제를 해결하고 치유하는 방법입니다.

예를 들면 밤에 불면증 때문에 괴로워하는 사람의 경우, 아예 잠을 자지 말고 깨어 있도록 하는 것이지요. 불면증에 시달리는 사람들의 특징을 보면 한결같습니다. "난 잠을 자야 내일 일을 할 수 있어."라든가 "얼른 자자, 빨리 잠을 자야 해." 하면서 침대에 누워 눈을 꼭 감고 있습니다. 그런데 이상한 건 그러면 그럴수록 잠은 저 멀리 달아나 버린다는 거예요. 집

마음의 힘부터 빼주세요.
아이를 잘 키워 보겠다고 입술을 깨무는 순간,
당신의 마음속 균형은 깨지고 말아요.

착할수록 더 긴장되기 때문에 오히려 정신이 말똥말똥해지는 거죠.

또 다른 예를 들어 볼까요? 깨끗한 상태를 유지해야 한다고 믿기 때문에 강박적으로 손을 씻는 사람이 있습니다. 1시간에도 몇 번씩 화장실로 가서 손을 씻지요. 그런데 손을 씻고 나면 개운하고 만족스러워야 하는데, 씻으면 씻을수록 다시금 마음이 불안해집니다.

참 이상한 일이지요? 이런 경우 역설 지향 치료에서는 손을 일부러 더럽히거나 못 씻게 합니다. 10분에 한 번씩 손을 씻지 않아도, 내 건강에 무리가 없다는 것을 자연스럽게 깨닫게 만드는 거죠. 그러면서 불안감이 오히려 감소됩니다.

엄마 역할도 마찬가지입니다. 좋은 엄마가 되겠다, 아이를 정말 잘 키워 보겠다고 입술을 깨무는 순간, 당신의 마음속 균형은 깨지고 말아요. 더 많이 사랑해 주겠다고 결심하고 아이의 일거수일투족을 살피다 보니, 자꾸 잘못된 행동들이 눈에 들어옵니다. 자신도 모르게 잔소리를 하고 자꾸 혼내게 됩니다. 또한 아이에게 더 많은 경험들을 시켜 주는 게 좋다고 해서 태권도, 바이올린, 미술, 이야기교실에 참여시켰더니 아이가 힘겨워합니다. 아이에게 최선을 다할수록 이상하게 엄마인 나는 자꾸 화가 나고 아이는 계속 지쳐만 갑니다.

대다수 사람들이 자주 하는 착각이 있습니다. 철저하게 준비하고 온 열정을 다하면 그 일을 더 잘 해낼 수 있을 거라고 믿는 착각 말이죠. 실제로는 열의가 높을수록 온몸의 긴장감이 높아집니다. 마치 전투를 앞둔 군사처럼 몸에 힘이 들어가고 경직되는 겁니다. 그러면 자연스러움이나 편안함은 사라지고 내 마음에 부담감만 가득 채워질 뿐이지요.

완벽하게 하려고 하지 마세요. 너무 열심히도 하지 마세요. 어차피 엄마 역할에는 정답이 없으니까요. 처음부터 완벽하게 잘할 수 있는 게 아니라, 내 아이를 겪어 가면서 조금씩 그 역할에 익숙해지고 능숙해지는 것입니다. 마음의 힘부터 빼주세요. 반드시 잘해야만 한다는 욕심을 내려놓으면 몸과 마음이 유연해져요. 아이와 스스로를 바라보는 시야도 넓어지고요.

"열심히 해보자. 그래서 안 되는 건 할 수 없는 거지, 뭐!"

엄마 역할을 편안하고 여유롭게 생각하고 받아들이세요.

아이에게 당신은
최적의 엄마

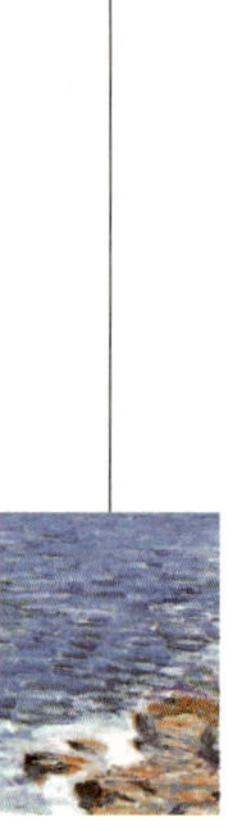

　세상의 모든 엄마와 아이들은 천성과 취향이 저마다 다릅니다. 그런데 오늘날 세상은 아이를 기르는 엄마들에게 비슷비슷한 역할과 역량들을 요구해요. 엄마라면 아이에게 무엇을 해줘야 하고, 어떻게 놀아 줘야 하며, 어떤 환경을 제공해 줘야 하는지 말이죠. 심지어 매력 있고 센스 있는 엄마들은 이런 물건을 사고 이런 옷을 입는다는 생각을 주입합니다.

　서점에 가서 자녀교육서들을 살펴보면 대부분 비슷한 제목들에 어디선가 본 듯한 내용들이 많습니다. 이 나이대에는 이런 것들을 해줘야 하고, 몇 살이 되면 이러저러한 곳을 데려가서 보여 주면 좋고, 몇 살부터 몇 살까지는 부모가 이렇게 반응하고 행동해 주는 게 좋다는 내용들. 결코 틀린 말들은 아니죠. 아이의 발달 과정을 고려한 교육 방법을 알려 주고 있는 거니까요.

다만 저는 가끔씩 답답하다는 느낌을 받습니다. 마치 서점에 있는 그 많은 책들이 저에게 "당신은 이렇게 행동해야 비로소 좋은 엄마가 될 수 있습니다."라고 이야기하는 것 같아 숨이 막힙니다. 어쩌면 저는 책에서 일러 주는 대로 따를 자신이 없어서 그런지도 모르겠어요. 어떨 때는 이런 마음까지 듭니다.

'내가 왜 다른 엄마들과 똑같이 행동해야 하지? 난 분명 나만의 강점을 가진 사람인데. 게다가 내 아이도 자신만의 특징과 성향을 가지고 있을 텐데……'

저는 좋은 엄마가 되는 정답과 방법이 있는 것처럼 말하는 사람들을 보면 마음이 좀 불편해집니다. 엄마마다 성격이 다 다르잖아요. 어떤 엄마는 자유로운 성향을 타고나서 아이를 정해진 틀에 얽매기보다 아이가 하고 싶은 대로 할 수 있도록 편안하게 풀어 둡니다. 스스로 경험하여 깨우치고 배우는 게 좋다고 생각하기 때문이죠. 엄마 본인도 지금껏 그래 왔고요. 어떤 엄마는 엄격한 성향을 타고나서 자기 자신에게도 엄격할 뿐 아니라, 필요할 때마다 아이의 행동을 바로잡고 방향을 제시합니다.

여기서 당신에게 문제를 하나 내볼게요. 위에서 설명한 자유로운 엄마 유형과 엄격한 엄마 유형 중 어느 쪽이 아이를 기르는 데 더 적합한 유형일까요? 어느 쪽이 더 모범적인 엄마상일까요?

답은 "고를 수 없다."입니다. 질문 자체가 틀렸으니까요. 엄마의 성향별로 강점과 약점이 각기 다르기 때문입니다. 자유로운 성향의 엄마는 아이가 주도적으로 자신의 길을 찾을 수 있도록 기다려 준다는 강점이 있습니다. 한편 엄격한 성향의 엄마는 아이가 길을 잃고 헤맬 때 방향을 잡아 주고 이끌어 준다는 강점이 있지요.

따라서 어느 한쪽을 선택해서 이것이 더 나은 엄마의 유형이라고는 말할 수 없습니다. 물론 각각 단점도 있습니다. 자유로운 성향의 엄마는 아이를 너무 방임하는 것처럼 보여서 아이에게 관심이 없는 듯 비춰질 수 있습니다. 어느 날 갑자기 아이가 "엄마는 언제 나한테 관심이나 있었어?"라고 말하며 따지고 들지도 몰라요. 엄격한 성향의 엄마는 자주 간섭하고 관여하여 아이가 자신의 길을 스스로 설계할 기회를 빼앗겼다고 느낄 수도 있습니다.

이런저런 성향이 육아에 좋다고 해서, 지금까지의 내 성향을 일시에 바꾸기는 어렵습니다. 자유로운 성향의 엄마가 육아 관련 서적을 읽었다고 해서 하루아침에 엄격한 성향으로 바뀌지는 않잖아요. 반대로 엄격한 성향의 엄마가 결심을 했다고 하여 그 순간부터 아이를 풀어 주기란 쉽지 않죠. 성향은 그렇게 쉽게 바뀌는 것이 아니니까요. 현실적으로 자유로운 엄마는 자유로운 대로, 엄격한 엄마는 엄격한 대로 아이를 키울 확률이 높습니다. 그리고 아이는 그런 양육 환경 속에서 나름대로 적응하고 방황도 하면서 자라날 겁니다.

아이를 기르는 데에는 왕도가 없습니다. 어차피 우리 모두는 무면허 엄마예요. 그래서 누가 누군가에게 좋은 엄마의 조건에 대해 이야기하는 것에는 한계가 있다고 봅니다. 물론 아이가 이럴 때는 이렇게 하면 효과가 좋다든가, 저럴 때는 저렇게 대화하면 나아진다든가 하는 조언들은 있을 수 있습니다. 또한 유아 교육과 관련된 전문가들의 연구와 이론, 주장들이 도움될 때가 있지요. 그러나 어느 누구도 나와 내 아이의 관계를 정확히 알지 못합니다. 이 세상에 나와 똑같은 엄마, 내 아이와 똑같은 아이는 없으니까요. 육아를 하면서 접하게 되는 수많은 조언과 의견들을 무시하라는 것이 아니라, 결국 내 아이에겐 내가 최적의 엄마라는 사실을 잊지 말라는 겁니다.

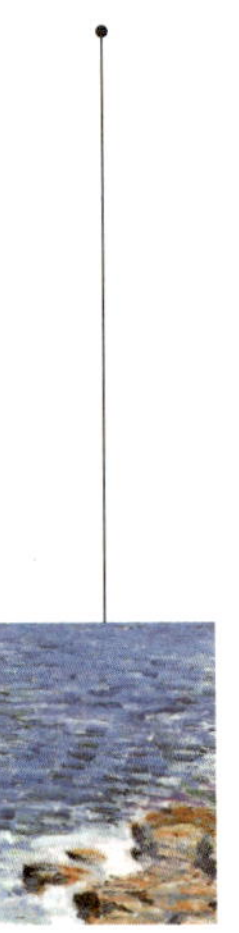

오랫동안 우리 사회, 그리고 엄마 자신들조차도 아이를 키우는 자기 자신보다는 아이에게 일방적으로 관심을 집중시켜 왔습니다. 어떻게 하면 아이를 잘 기를 수 있는지에 온 관심이 쏠렸지요.

하지만 아이를 잘 키우기 위해서는 아이를 기르는 엄마가 건강해야 합니다. 우리가 임신했을 때 잘 먹고 잘 쉬어야 태아에게 영양분이 제대로 공급되어 정상적인 발육이 이루어지는 것처럼요. 임신 중 서로 한 몸이었던 때처럼 태어난 이후에도 엄마와 아이는 밀접하게 영향을 주고받습니다. 엄마가 슬프면 아이도 은연중에 슬픔을 느끼고, 아이가 기쁘면 엄마도 저절로 입꼬리가 올라가며 행복해지죠. 그것이 바로 떼려야 뗄 수 없는 엄마와 아이의 특별한 관계입니다.

제가 지금까지 엄마의 몸과 감정을 먼저 챙겨야 한다고 강조했다고 해서 아이가 중요하지 않다는 건 결코 아닙니다. 또 아이에 대해 가졌던 관심을 거두고 엄마 자신에게만 신경을 쓰라는 극단적인 이야기도 아닙니다. 우리의 생각과 관심을 100으로 본다면, 적어도 30~40 정도는 엄마 자신에게 초점을 두어야 한다는 거예요.

아이에게 지나치게 집착하는 엄마, 아이의 일거수일투족에 관심을 갖는 엄마, 아이를 키운다는 명목으로 자신을 돌보지 않는 엄마, 온통 머릿속에 아이 생각으로만 가득 찬 엄마는 아이에게도 결코 좋은 엄마가 아닙니다. 엄마 스스로 자신의 몸과 마음을 건강하게 관리할 때 비로소 아이의 몸과 마음도 더불어 건강해지니까요.

아이를 키우면서 정신없이 바쁜 생활은 아마 앞으로도 계속되겠지요. 세 살이 되면 좀 낫겠지, 초등학교에 입학하면 좀 낫겠지, 중학교에 가면 나아지려나……. 엄마들은 막연한 기대감을 가지고 아이를 키우지만, 사실 육아와 양육이 수월해지는 아이의 연령대나 상황은 없습니다. 항상 아이의 성장에 따라 엄마가 해야 할 일들은 넘쳐나니까요. 아이를 기르며 어떤 때는 내 몸과 체력을 모두 쏟아 부어야 할 때가 있고, 어떤 때는 내 마음을 전부 집중해야 할 때도 있지요.

당신은 여전히 종종걸음으로 집 안을 다니며 아이를 챙기고, 아이는 여전히 말도 안 되는 논리를 들이대며 떼를 쓸 것이며, 남편은 피곤하다는 이유로 육아에서 멀찍이 물러나서 구경만 하고 있을지도 모릅니다. 친정 엄마는 직장을 그만두라고 하루에도 몇 번씩 전화로 잔소리를 하고, 시어머니는 힘들어하는 며느리를 이해하지 못할 수도 있고요. 앞으로도 우리를 둘러싼 환경은 크게 바뀌지 않을 겁니다.

이런 일상 속에서 당신은 자신을 잃어버리지 않도록 노력해야 합니다. 당신의 몸, 당신의 감정, 당신의 삶, 어느 것 하나 소중하지 않은 것이 없습니다. 얼마 전 제가 아는 분으로부터 이런 이야기를 들었습니다. 임종을 앞둔 분을 만나 뵈었는데, 그 분이 이렇게 말을 했다고 합니다.

"내 아이에게 더 너그럽게 대해 주지 못한 것도 아쉽고, 남편에게 더 살갑게 굴지 못한 것도 아쉬워요. 그런데 가장 한이 되는 건, 나 자신에게 너무 못해 줬다는 거예요. 지금 와서 생각하니, 내 자신이 가장 불쌍해요."

적어도 이런 후회를 하지 않도록 당신을 아껴 주세요.

아이를 위해, 가족을 위해 나 자신을 팽개치고 살면, 어느 순간 스스로 견디기 어려운 시기가 찾아옵니다. 살면서 힘들거나 외로운 순간들은 누구에게나 있지만, 그런 어두운 감정들에 압도당하고 쓰러지지 않도록 평소에 나 자신을 아끼고 사랑해 줘야 합니다. 아울러 힘든 상황 속에도 나를 지켜내고 어려움을 극복할 수 있도록 내면의 힘을 길러야 합니다. 그것이 바로 마음의 내성, 건강한 감정의 힘을 기르는 방법입니다.

이 책을 준비하고 집필하면서 많은 생각들을 했습니다. 엄마로서의 제 자신을 함께 돌아보는 순간들도 많았습니다. 새삼 돌아보니, 저는 위인전에 나오는 위인들의 어머니와는 비교조차 할 수 없을 정도로 턱없이 부족한 엄마더군요. 아이에게 더 좋은 환경을 제공해 주기 위해 이사를 가기는커녕 내 일정에 쫓겨 아이에게 책 한 권 제대로 읽어 주지 못할 때가 많았습니다. 같이 놀아 달라는 아이에게 몸이 피곤하다는 이유로 나도 모르게 짜증을 낸 적도 있었고, 텔레비전을 많이 보면 안 좋다는 걸 알면서도 당장 조금이라도 더 자고 싶어서 아이를 텔레비전 앞에 데려다 놓은 적도 있었지요. 돌아보니 아이에게 미안한 마음뿐입니다.

그럼에도 저는 한 가지만은 확신합니다. 제 아이에게 저는 이 세상에서 단 하나뿐인 엄마이자 가장 적합한 엄마라는 사실을요. 왜냐하면 저와 아이는 과거에 한 몸이었고, 지금도 몸과 감정이 긴밀하게 연결되어 있는 세상에서 유일한 관계니까요.

마지막으로 당신에게 부탁할게요. 당신 자신을 위하는 일이 아이를 위하는 일이라는 점을 잊지 말고, 나 자신을 아끼고 사랑하며 엄마로서의 경험을 천천히 쌓아 가세요. 급할 것 없어요. 엄마 역할은 평생을 걸쳐 해야 하는 일이지, 숙제처럼 단숨에 해치울 수 없거든요. 한 걸음씩 천천히 나아가세요. 당신이 당신 아이에겐 베스트라는 자신감을 가지고서요.

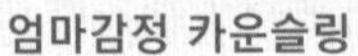

"당신이 좋아하는 것들에
힌트가 담겨 있어요"

앞에서는 내 아이가 좋아하는 장난감, 활동, 음식들을 돌아보고, 아이의 감정과 성향을 생각해 보았습니다. 그리고 이것과 더불어 한 가지 더 해야 할 게 있습니다. 바로 당신에 대해서 생각해 보는 일이죠. 엄마인 당신이 좋아하는 것, 당신이 힘을 얻을 수 있는 것, 일상에서 당신을 챙길 수 있는 방법들을 마지막으로 정리해 보려 합니다. 이 내용을 누군가에게 보여 줄 필요는 없어요. 당신의 마음에게 물어보고, 자유롭게 좋아하는 것들로 채워 주면 됩니다.

물건이나 활동, 음식	당신이 좋아하는 이유	당신 스스로에 대한 분석
신혼 때 선물 받은 커피잔	섬세하게 디자인되어 있다. 고급스럽다.	여성스럽고 품격 있는 물건을 통해 대접받는 듯한 기분을 느낌.
요가	요가를 하고 나면 몸과 마음이 모두 홀가분하다. 기분이 좋아진다.	꾸준히 관리하고 있다는 느낌을 중요하게 여김.
맛있는 외식	집에서 밥을 안 차려도 좋다. 게다가 오랜만의 외출이다.	가족과 함께 맛있는 음식을 먹으러 다닌다는 것 자체가 즐겁다. 온 가족이 한 차를 타고 움직이는 것도 오붓한 느낌을 줌.

감정코칭전문가 함규정 교수의 오직 엄마를 위한 마음처방전

엄마마음, 아프지 않게

초판 1쇄 인쇄 2015년 10월 10일
초판 1쇄 발행 2015년 10월 25일

지은이 함규정
펴낸이 김종길 | **펴낸곳** 글담출판사

책임편집 이경숙 | **편집** 임현주 · 이경숙 · 이은지 · 홍다휘 · 안아람
디자인 정현주 · 박경은 | **마케팅** 박용철 · 임형준 | **홍보** 윤수연 | **관리** 김유리

출판등록 1998년 12월 30일 제2013-000314호
주소 (121-840)서울시 마포구 양화로 12길 8-6(서교동) 대륭빌딩 4층
전화 (02)998-7030 | **팩스** (02)998-7924
이메일 geuldam4u@naver.com
블로그 http://blog.naver.com/geuldam4u
페이스북 www.facebook.com/geuldam4u

ISBN 979-11-86650-05-9 13590

이 도서의 국립중앙도서관 출판시도서목록(CIP)은 서지정보유통지원시스템 홈페이지(http://seoji.nl.go.kr)와 국가자료공동목록시스템(http://www.nl.go.kr/kolisnet)에서 이용하실 수 있습니다. (CIP제어번호: CIP2015026419)

★★ **글담출판**에서는 참신한 발상, 따뜻한 시선을 가진 기획 아이디어와 원고를 기다리고 있습니다. 작품 혹은 기획안을 이메일로 보내주시면 출간 가능성이 있는 작품은 개별 연락을 드립니다.